西门子工业自动化技术丛书

机械安全技术及应用

主编　褚卫中

机械工业出版社

本书从机械安全范畴中的通用基础知识入手，首先简要介绍了国内外与机械安全相关的主要安全技术标准、安全认证流程等内容。同时结合几十个应用示例，分别介绍了日常工作中典型的安全控制技术，其重点是与工业现场实际的安全需求相结合，通过示意图深入浅出地解释了如何进行安全控制回路的设计等内容。本书实用性较强，读者可以一边看书一边进行操作，可以更快地了解、熟悉并掌握典型的安全控制技术。

读者可以根据自己的工作需要和兴趣点，重点关注相关章节的内容。

本书可供工程技术人员、机械安全管理人员、机械操作人员阅读，也可供大专院校相关专业的师生参考。

本书附有光盘，其中收录了西门子公司的安全评价工具（SET，Safety Evaluation Tools）。使用者可以通过安全评价工具对机器的自动化控制系统中集成的安全控制回路进行验证。同时，还可以得到验证结果报告。

图书在版编目（CIP）数据

机械安全技术及应用/褚卫中主编. —北京：机械工业出版社，2014.4

（西门子工业自动化技术丛书）

ISBN 978 - 7 - 111 - 46659 - 8

Ⅰ. ①机… Ⅱ. ①褚… Ⅲ. ①机械设备 – 安全技术 Ⅳ. ①TH

中国版本图书馆 CIP 数据核字（2014）第 093082 号

机械工业出版社（北京市百万庄大街 22 号　邮政编码 100037）
策划编辑：林春泉　责任编辑：张沪光
责任校对：胡艳萍　责任印制：刘　岚
北京京丰印刷厂印刷
2014 年 6 月第 1 版·第 1 次印刷
184mm×260mm·13.25 印张·320 千字
0 001—4 000 册
标准书号：ISBN 978 - 7 - 111 - 46659 - 8
　　　　　ISBN 978 - 7 - 89405 - 373 - 2（光盘）（含 1DVD）
定价：69.00 元

序

    制造业频发的安全事故，不仅给个人、家庭、企业乃至社会都带来了沉重的负担，而且对制造业的安全生产和安全发展均造成了很大的影响。在一定程度上也对中国企业的国际形象和产品的竞争力造成了负面影响，这与我国制造业大国的地位严重不符。面对严峻的安全生产形势，各级政府主管部门也正在通过建章立制等措施和手段，以期推动制造业的安全发展。发达国家的经验已经表明，通过机械安全标准来规范机械设备全生命周期内的安全要求，特别是从设计源头减小或消除风险，对于提高机械设备的本质安全水平，促进制造业安全生产是切实有效的解决办法之一。

    本书从着重介绍通用安全控制技术及应用这个角度入手，可谓是一个全新的选题。通常，介绍有关机械安全的技术书籍，多是着眼于解读国内外的安全技术标准的条目、安全评估的过程等内容，其系统性、理论性较强，但缺乏可操作性，或者是某些厂商的专用产品技术手册，仅能说明一类产品的技术特点，而鲜有介绍通用安全控制技术的书籍，本书淡化了厂商品牌的效应，而更加注重通用技术这个特点，同时更加着眼于典型的技术应用。面对自动化领域中的国内外众多的品牌厂商、不计其数的产品型号和纷繁复杂的专用设备，这类通用技术书籍恰恰是我们国内的许多工程技术人员和操作人员迫切需要的。

    本书编写组的构成合理，既有国内机械安全标准化方面的专家、也有我们国家安全认证机构的技术权威，而且还有享誉国内外自动化领域的产品供应商的参与，使得本书在理论与实际应用相结合方面，迈出了可喜的一步，本人也十分愿意将此书推荐给从事机械装备设计开发的广大科技人员，以期对产品的安全设计工作起到现实的指导作用。

全国机械安全标准化技术委员会

主任委员　李勤

2014 年 2 月 28 日

前　　言

随着科学技术的不断发展，自动化技术在工业生产中的应用越来越广泛，使得机器设备的功能越来越全面，相比过去变得越来越庞大复杂，因此必须对操作机器时的安全性加以严格要求。评价一台机器的优劣，除了看其自动化程度高低外，还应该注重其安全是否有保障。对今天的机器制造商和最终用户而言，安全已经越来越成为需要优先考虑的因素。每年，制造商都要面临更多的安全规则和生产选择，他们的问题不再是"我们要不要安装安全控制系统？"，而是"我们应该安装怎样的安全控制系统才可靠？"

那么，什么样的控制系统才是"安全的"呢？通常定义的"安全控制系统"，就是一种高度可靠的安全保护手段，可以最大限度地避免机器的不安全状态，保护生产装置和人身安全，防止恶性事故的发生，减少损失。系统在开车、停车、出现工艺扰动以及正常维护操作期间应对机器提供安全保护，一旦机器出现危险，系统立即做出反应并输出正确信号，使设备安全停机。

为了适应工业自动化趋势，同时由于社会对工作人员的劳动保护责任心也不断提高，世界上许多工业国家对机器的安全性要求越来越严格，例如欧共体国家实行的机器 CE 认证义务就是一个例子。为了协调欧共体国家各自的标准，欧共体标准委员会制订了欧洲的统一标准，规定机器设备只有满足相应的安全要求，即获得 CE 标志后才被允许在欧共体市场上出售和使用。在设计机器时，基本的安全保护要求和安全元器件的选择要求制造商必须进行机器的危险性分析，以确定机器所有可能存在的危险。

安全控制技术和产品在工业领域的机器上的应用，在发达国家已十分普及。例如，欧洲要求机械产品投入市场或交付使用时，不危及人身安全和健康，也不会危及动植物和财产安全，并且对产品可能产生的危险进行了分类，而达不到相应安全等级的设备不能投产。在美国则依靠高额的事故赔偿来强制机器的安全性。而在我们国家，尽管我们的相关机构和部门越来越多地参与了国际标准的制订、修订工作，但是我们国内与之配套的安全控制技术和产品还很不成熟，还有很长的路需要走。

本书就是针对"机器安全"这样一个热点话题展开的，也是国内首次从通用的安全控制技术的角度，结合相关的国际、国内的安全技术标准，通过应用示例，深入浅出地介绍了相关的安全理念、安全控制技术和安全产品。

第 1 章从介绍欧洲机械安全标准体系入手，对于国际相关的机械安全标准进行了概述，同时也对我国机械安全及机械安全标准的现状进行了简单介绍。

第 2 章主要对几个与安全相关的比较重要的技术标准作了介绍和分析。希望能够帮助读者对风险评估的基本流程、几个重要的机械安全标准之间的差异性等内容有清晰的了解。

第 3 章介绍了机械安全控制系统的技术规范与设计方面的内容，从理论的角度帮助读者理解安全控制理论的基本原理和概念、基本的安全相关控制系统的设计流程，以及如何实现等。

第 4 章则以应用为主线。通过几十个应用示例，深入浅出地介绍了通用的安全控制技术和安全产品。

　　本书由褚卫中主编，全国机械安全标准化技术委员会的张晓飞、付卉青、刘治永共同承担了第1章内容的编写工作，广东产品质量监督检验研究院的李志宏参与了本书第4章的编写，并提出了自己的宝贵意见。在本书的编写中得到了全国机械安全标准化技术委员会李勤先生、宁燕女士、程红兵先生的大力支持，得到西门子（中国）有限公司众多朋友的帮助，朱涛先生、丁宁先生、汪晓峰先生、王宁女士、王岩女士、张岩峰先生等提供的很多帮助，在此表示衷心的感谢。

　　编者已对本书的全部内容进行了审阅，尽量确保所介绍的内容前后一致。由于无法完全将差异排除，因此我们不能保证内容的完全一致性，任何必要的更正都将体现在以后的版本中。由于编者水平有限，书中难免有错漏之处，恳请读者批评指正。

西门子（中国）有限公司　褚卫中

2014 年 3 月

目　录

第1章　机械安全标准概述

安全是人类最基本的需求之一，是人类生命与健康的基本保障，一切生活、生产活动都源于生命的存在。近年来，随着我国经济的高速发展，作为国民经济基础产业的制造业安全生产事故层出不穷，职业病、断指、断掌，乃至死亡的安全事故频见报导。根据国际劳工组织（ILO）的估计，每年因工业安全事故和职业病造成的损失约占全球 GDP 的 4%。考虑到现阶段我国制造安全生产形势还比较严峻，这个比例可能甚至更高。

制造业频发的安全事故，不仅给个人、企业以及社会带来了沉重的负担，而且对制造业的安全生产和安全发展造成不利影响，在一定程度上对中国企业的国际形象和产品的竞争力造成了负面影响，这与我国制造业大国的地位严重不符。面对制造业严峻的安全生产形势，必须采取多种手段，共同推动制造业的安全发展。发达国家的经验已经表明，通过机械安全标准来规范机械全生命周期内的安全要求，特别是从设计源头减小或消除风险，对于提高机械的本质安全水平，促进制造业安全生产是切实有效的解决办法之一。在《国家"十二五"科学和技术发展规划》中，明确提出了针对"先进制造技术……重点研发面向制造业的核心软件、精密工作母机设计制造基础技术、面向全生命周期的复杂装备监测与服务支持系统、现代制造物联网服务平台、控制系统的安全防范与安全系统等"。

机械安全标准起源于发达国家，作为保护人员安全和健康的重要技术文件，机械安全标准一直与相关法规有着密切关系。机械安全标准与相关法规之间的联系主要有两种方式：第一种是机械安全标准来源于法规，标准作为满足法规有关要求的依据，这种方式的典型模式就是欧盟机械指令与协调标准（机械安全标准）模式；第二种是机械安全标准相对独立于法规，但在法规中引用机械安全标准的要求，美国是采用这种模式的主要国家，即作为 OSHA（美国职业安全与健康管理局）执法依据的 OSHA 标准引用 ANSI 等组织的机械安全标准。目前，就其影响力来说，由于 ISO、IEC 绝大部分机械安全标准来源于欧洲标准，这使得机械指令与协调标准这种模式影响力最大，也最为广泛。目前，我国的机械安全标准主要以采用国际标准为主，因此对于国外的机械安全标准，本书只对欧洲的机械安全标准和国际机械安全标准做简单介绍。

1.1　欧洲机械安全标准体系

1.1.1　机械指令

1. 机械指令的法律基础

20 世纪 70 年代，随着西欧公众对于健康、安全和环境法规的需求高涨，欧共体随之扩展了它对欧共体条约第 100 条的诠释。欧共体颁布了越来越多旨在改善其成员国人民的健康、安全和福利的指令。这一显著的变化在 1987 年生效的《单一欧洲法令（SEA）》上被正式化了。《单一欧洲法令》在条约新的第 100 条 a 中第一次引入了"消费者保护"的术语。其后第 100 条 a 被选作一系列消费者保护指令的基础。

　　欧共体内部商品自由流通的增加无疑会导致竞争的日益激烈，这就可能会间接地对工作条件和环境产生负面的影响。因此，欧共体认识到必须协调职业健康与安全保护的要求。欧共体条约第 118 条 a 中确认了工作安全环境的重要性，尤其是关于雇员的健康和安全。该条款确定了欧共体发布的指令应包含的最低职业健康与安全要求。

　　同时，欧共体条约第 7 条 a 中规定："内部市场应由保证商品、人员、服务和资金能自由流通的无边界的区域组成"。自然，商品的自由流通也包括了机械的自由流通。

　　欧共体条约的以上三部分构成了欧共体内部协调机械安全要求和制订机械指令的法律基础。欧共体条约的以上三部分在经过 1997 年公布的《阿姆斯特丹条约》修改后分别成为了欧盟的第 95 条、第 137 条和第 14 条。

2. 机械指令的发展历程

　　1989 年 6 月 14 日，欧洲理事会（the European Council）采纳了"各成员国关于机械的趋于一致的法律"89/392/EEC 指令（简称"机械指令"），该指令给出了允许机械自由进入欧洲并自由流通的条件。同时，该指令给出了制造商必须满足的保护使用者健康和安全的要求；给出证明设备满足这些要求的方法；并制定了一系列的规则，按照这些规则，成员国必须停止危险设备进入市场，或命令其从市场上撤回。

　　该指令在 1991 年由指令 91/368/EEC 对其进行了首次修改，此次修改主要是增加了机械指令的范围，新增的机械包括：移动式机械、提升设备和地下采矿机械。1993 年发布的 93/44/EEC 指令对机械指令做了进一步的修改，使机械指令涵盖了安全元件和设计用于提升或移动人员的机械（不包括指令 95/16/EC 涵盖的永久安装的电梯）。同年，指令 93/68/EEC 修改了机械指令有关 CE 标志的内容。

　　89/392/EEC 于 1993 年 1 月 1 日开始实施。经过一定的过渡期后，于 1995 年 1 月 1 日开始对该指令所覆盖的所有类型的机械全面实施。并由指令 91/368/EEC、93/44/EEC、95/16/EC 对其进行了修改。这些指令于 1997 年 1 月 1 日起在欧盟范围内全面执行。

　　1998 年 6 月，欧盟委员会官方公布了机械指令的合并版本 98/37/EC。该指令包含了指令 89/392/EEC 的内容，以及该指令的修改指令 91/368/EEC、93/44/EEC 和 93/68/EEC 的内容。该指令并不是对原机械指令 89/382/EEC 的修订，而只是指令 89/382/EEC 以及其修改指令的合并统一，在指令的实质内容上并没有变化。

　　机械指令于 1995 年的全面实施，极大地推动了商品的自由流通以及贸易技术壁垒的消除。但欧盟并没有系统的评估机械指令对工人的安全和健康能起到多大的积极作用，而且机械指令实施以来，与机械有关的事故和伤害率在欧洲很多国家并没有得到有效的控制。而机械指令的实施过程中逐渐出现的诸如指令范围不够清楚、简化指令中条文的执行过程烦琐等问题也迫切需要得到解决。因此，早在 1994 年欧盟委员会已在欧洲理事会的支持下，开始了准备对机械指令的修订工作。

　　2001 年，欧盟委员会向欧洲理事会和欧洲议会递交了机械指令的修订提案《欧洲议会和欧洲理事会关于机械的指令以及指令 95/16/EC 的修改》。该提案扩大了机械指令的范围并明确了机械指令与电梯（95/16/EC）、低电压（73/23/EEC）等指令的界限。同时在附录 I 中强调了在机械设计阶段风险评价对降低风险的重要性，增加了不少的安全要求。

　　在欧盟轮值主席国的主持下，经过近五年的讨论，平衡了市场需求与保护机械操作者健康和安全之间的关系。2006 年 6 月，欧盟官方公布了机械指令 98/37/EC 的修订版 2006/42/EC。由于需要平衡各方的利益，新机械指令与欧盟委员会最初的提案有不小的差别，提案中的很多建议并没有得到采纳。因此，2006/42/EC（简称新机械指令）并没有对原有机械指令做出重大的改动，其主要变化集中在以下四个方面：

（1）"机械"定义及适用范围的差别

现行机械指令 98/37/EC 对指令范围的要求是"适用于机械以及单独投放市场的安全零件"，并给出了机械和安全零件的定义。与 98/37/EC 相比，新机械指令明确规定了机械指令的适用范围，并专门用一章对指令范围中涉及到的概念下定义。新机械指令的适用范围如下：

1）机械（machinery）；

2）可互换设备（interchangeable equipment）；

3）安全零件（safety components）；

4）升降机附件（lifting accessories）；

5）链、索、带（chains, ropes and webbing）；

6）可拆卸的机械传动装置（removable mechanical transmission devices）；

7）半成品机械（partly completed machinery）。

其中，半成品机械是新机械指令中专门提出的一类机械设备。这类设备在现行的机械指令 98/37/EC 中称为"准机械（quasi-machinery）"，只要这类机械有"合并使用的声明（declaration of incorporation）"不需要加贴 CE 标志就可以在市场上流通。在新机械指令中，不仅要求有"合并使用的声明"，而且还需有相关的技术文件和安装说明书才能进入市场。

另外，对比新机械指令与现行指令不适用的范围，主要有以下几点不同：

1）新机械指令把 98/37/EC 排除在外的，用于升降人员或商品的建筑工地升降机包含在内；

2）新机械指令不再按"主要风险（main risk）"来划分与低电压指令（73/23/EEC）之间的界限，而是列出了新机械指令排除在外的六大类机械设备，使得机械指令与低电压指令之间的界限非常明确。这些排除在外的设备包括：

①家用电器；

②音频和视频设备；

③信息技术设备；

④普通办公用机械；

⑤低压开关设备和控制装置；

⑥电动机。

3）新机械指令还有专门的一章对电梯指令（Lifts Directive）95/16/EC 进行修订，同时划清两指令之间的界限，其中升降速度不高于 0.15m/s 的电梯划归机械指令涵盖。

4）此外，新机械指令还增加了排除在指令范围之外的几类设备，分别如下：

①原机械制造商提供的作为特定元件备用件的安全零件；

②为实验室暂时研究用而专门设计和制造的机械；

③两类高压电气设备：开关装置和控制装置、变压器。

（2）基本健康和安全要求的差别

在新机械指令中，基本健康和安全要求方面的变化是细化了某些具体要求，例如人类工效学、控制系统安全等方面的要求。但有一点变化必须引起我们的重视，在附录 I 的总则中，明确提出了风险评价的要求，具体如下：

首先，增加必须进行风险评估的要求："为了确定机械的安全和健康要求，机械制造商或其授权代表必须对机械进行风险评估，然后必须考虑风险评估的结果来设计和制造机械"。并且还给出了风险评估和风险减小的迭代过程：

1）确定机械的限制，包括预定使用和可合理预见的误用；

2）识别机械可能产生的风险以及相关的风险状态；

3）估计风险，考虑可能对健康的伤害和危害的程度以及危险发生的概率；

4）评价风险；

5）采用保护措施消除危险或减小风险。

其次，98/37/EC 中针对由于机械运动部件或升降机械移动所造成危险的特殊要求在新机械指令中已经扩展到适用于所有机械。特别是：

1）搬运期间的突然运动；

2）多控制台的相关特定条款；

3）闪电产生的危险。

第三，对说明书的相关要求更加详细。新机械指令不仅在原有的基础上增加了说明书应包含的内容，而且还新增了起草说明书的一般原则。同时，在该指令中专门做出安全健康要求的机械（食品、化妆品和制药机械，便携式、手持或手导式机械，用于加工木材或类似材料的机械），该指令也增加了对说明书的具体要求。

（3）合格评定程序的差别

在新机械指令中，大多数机械的合格评定可继续由制造商自己来完成。在附录 IV 中列出了需要第三方机构来完成合格评定的机械种类。但是附录 IV 中的机械的制造商可有如下更多的选择：

1）附录 IV 中按照指令中所有相关基本要求的协调标准来设计的机械，制造商可以对其机械进行自我合格评定；

2）对于附录 IV 中的其他机械，制造商可选择由指定机构来进行 EC 型式试验，也可选择由指定机构对其全质量保证体系进行认证。

新机械指令包含了成员国监督指定机构能力的义务。如果指定机构不能很好地履行其职责时，则成员国当局应撤销或延迟其通告。

（4）市场监督的差别

市场监督是确保机械指令严格一致实施的基本工具，因此新机械指令用专门的段落增加了市场监督的要求，明确了成员国组织市场监督更详细的职责。这些职责包括市场监督权力部门之间的合作，尊重机密性和保持透明度等。

3. 新机械指令 2006/42/EC 的主要内容

新机械指令 2006/42/EC 主要包含三部分内容：制订机械指令的依据、正文和附录。

正文一共由 28 条组成，包括：范围、定义、市场监督、自由流通、机械的合格评定程序、CE 标志、惩罚、对指令 95/16/EC 的修改、生效等。这些内容主要是关于机械指令实施过程中的一些程序性要求。

机械指令的主要技术内容全部包含在其 12 个附录中，其中附录 I "基本健康与安全要求"是指令的核心技术内容，也是制订欧洲机械安全标准的主要依据。其他附录还包括合格声明、危险机械清单、安全部件清单、半成品机械的组装索说明、EC 型式试验、全面质量保证、指定机构、新旧指令对照表等。

1.1.2　欧洲机械安全标准

1. 协调标准

按照《技术协调与标准化新方法决议》的规定，机械指令只提出产品投放市场前所必须达到的基本健康和安全要求，而将制订达到这些要求的技术方案任务交给了 CEN 和 CEN-ELEC 来完成。凡是依据新方法指令规定的基本要求制订的标准都称之为协调标准。

对机械指令来说，协调标准是欧洲标准化委员会（CEN）和欧洲电工标准化委员会（CENELEC）制订的技术规范。该技术规范是在 EC 或 EFTA 为了支撑机械指令中基本安全要求（ESRs）而向 CEN 和（或）CENELEC 发出的委托书（Mandate）下制订的。在机械安全领域里，一般有两种主要类型的委托书：要求准备标准项目的计划委托书（Programming Mandate），如 M/BC/CEN/88/13、M/BC/CEN/91/16、M/008 等；另一种是标准化委托书（Standardization Mandate），该委托书是 EC（和 EFTA）对计划委托书中提议的计划的后续委托。目前，机械指令的标准化委托书为 M/079。M/079 的目的是要求 CEN 和 CENELEC 在计划委托书的基础上，起草与机械指令范围内有关的机械的标准。同时欧盟委员也建议相关的标准化技术委员会来制订相应的标准或技术报告。

《技术协调与标准化新方法》中规定的协调标准制订程序见表 1-1。

表 1-1　协调标准的制订程序

1	欧盟(欧共体)委员会征集各方意见后起草委托书
2	将委托书转交给欧洲标准化组织
3	欧洲标准化组织接受委托书
4	欧洲标准化组织编制工作计划并作详细说明
5	技术委员会对标准草案进行详细说明
6	欧洲标准化组织和国家标准化组织公开征求意见
7	技术委员会对评论意见进行研究
8	国家标准化机构投票/欧洲标准化组织批准
9	欧洲标准化组织将标准编号提供给欧盟委员会
10	由欧盟(欧共体)委员会公布标准编号
11	各国标准化机构将欧洲标准转换为国家标准
12	各国政府机构发布国家标准编号

2. 协调标准的特殊性

机械指令中使用的术语是作为欧洲机械安全标准中一种具有法律限制的技术规范，但机械安全协调标准仍保留其自愿采用的地位，这一点与其他欧洲标准是相同的，它们都是自愿性标准，但不同之处在于，协调标准必须在欧洲官方公报上发布，并且凡是符合机械安全协调标准的产品可视为符合机械指令中的基本健康和安全要求，从而可在欧盟的市场上自由流通。

　　采用机械安全协调标准作为满足机械指令基本要求的"快速途径"给制造商提供了显而易见的好处。当然，制造商也可以不按照机械协调标准进行生产，但必须证明其产品是符合机械指令的基本要求，这对于制造商来说就相当的麻烦和烦琐。因此，规定具体技术规范的机械安全协调标准得到了各成员国制造商的积极拥护。

3. 机械安全协调标准分类

　　1993 年 10 月 27 日，CEN 提交了机械安全标准的计划。为了避免标准之间的重复，形成一种能加快机械安全标准制订过程的方法，并使得标准间易于相互引用，CEN 在其提交的计划中把机械安全标准分为了如下的结构层次：

　　A 类标准：也称基础安全标准，是指给出适用于所有机械的基本概念、设计原则和一般特征的机械安全标准。

　　B 类标准：也称通用安全标准，是指规定适用于大多数机器的一种安全特征或安全装置的机械安全标准。

　　B 类标准又可分为以下两类：

　　1）B1 类，安全特征（例如：安全距离、表面温度、噪声）的标准；

　　2）B2 类，安全装置（例如：双手操纵装置、联锁装置、压敏装置、防护装置）的标准。

　　C 类标准：也称产品安全标准，是指对一种特定的机器或一组机器规定出详细安全要求的机械安全标准。

1.1.3　CE 认证

　　CE 标志是欧盟法律对产品提出的一种强制性标志，它是法语"CONFORMITE EURO-PENDE"（欧洲合格认证）的简称。CE 标志代表符合法定规范，既非质量标志也非安全标志。凡是符合指令基本要求并且经过适宜的合格评定程序的产品皆可加贴 CE 标志。各成员国不得限制加贴 CE 标志的产品投放市场或投入使用。通常情况下，新方法指令都规定加贴 CE 标志的基本要求，欧盟成员国必须将 CE 标志纳入其国家法规和行政管理程序中。

　　欧盟规定必须加贴 CE 标志的产品有：所有新产品（不论是由成员国生产还是由第三国生产的产品）；所有从第三国进口的老产品；经过重大修改的、必须如同新产品一样实施指令的产品。

　　CE 合格标志由大写字母"CE"按图 1-1 给出的形式组成。

　　如果缩小或放大 CE 标志，必须遵守图中给出的比例。CE 标志的各个组成部分，必须保持基本相同的垂直高度，不得低于 5mm。对于小型设备，可以不考虑最小尺寸。必须使用相同的技术，直接在制造商或其授权代表的名称周围加贴 CE 标志。

　　对机械指令所包含的机械（包括单台机械、机械组合和可互换设备）而言，CE 标志为强制标志。在机器上合法加贴上

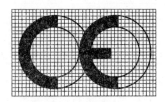

图 1-1　CE 标志

CE 标志前，制造商须先发布 EC 合格声明，这个声明为正式签署的文件，指出符合所有适用指令的基本规定。而对于机械指令所包含的安全零部件、安装在其他机械上且不能独立运作的机械只需发布 EC 合格声明，不需要加贴 CE 标志。

　　加贴 CE 标志的步骤如图 1-2 所示。

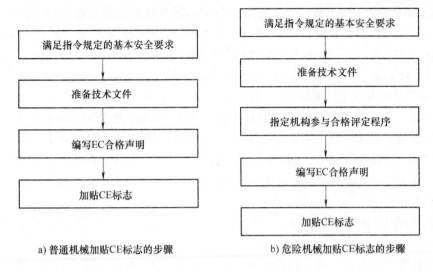

图 1-2　机械产品加贴 CE 标志的步骤

1.2　国际机械安全标准

随着关税、配额、许可证等传统贸易壁垒弱化，以及《贸易技术壁垒协定》（CATT/TBT）在 1980 年的生效实施，以技术壁垒为核心的新贸易壁垒得到快速发展，并逐步取代传统贸易壁垒成为国际贸易壁垒中的主体。保护人身安全和人体健康是《WTO/TBT 协议》规定的五大合理目标之一，机械安全作为保护人身安全和人体健康的一个重要方面，成为发达国家和地区利用技术优势设置机械设备技术壁垒的重要依据。为了消除这些壁垒，促进机械设备在国际贸易中的自由流通，同时也为了提高机械设备的安全水平，保护人员的安全与健康，国际标准化组织一直致力于制订相关的机械安全国际标准。

鉴于欧盟在消除内部各成员国之间技术壁垒所取得的成功经验，ISO 认为国际标准化组织在机械安全方面有必要与 CEN 加强联系与合作，以尽快消除国际范围内可能产生的机械产品贸易技术壁垒。为此，ISO 与 CEN 先后签订了 "技术信息交换协议"（即里斯本协议）和 "技术合作协议"（即维也纳协议）。在此基础上，ISO 以 CEN/TC114（欧洲标准化组织机械安全技术委员会）的专家为主要班底，于 1991 年 1 月成立了 "机械安全技术委员会"，即 ISO/TC199。

尽管在 ISO/TC199 成立之前，相关的技术委员会已制定了一些机械产品的安全标准，但这些标准只针对具体的产品，比较分散，无法形成较为完整的体系。ISO/TC199 成立后，以欧洲现有机械安全 A 类和 B 类为基础，迅速制订了一批机械安全基础、通用国际标准，并将很多新的机械安全设计理念和方法通过国际标准向全世界传播，如全生命周期的安全理念、风险评估方法、风险减小迭代三步法等。在 ISO/TC199 为首的技术委员会努力和推动下，逐步建立了以 ISO 12100 为核心，A、B、C 三类标准组成的国际机械安全标准体系，使机械安全国际标准在消除国际贸易技术壁垒、保护人员安全和健康等方面发挥着举足轻重的作用。

目前，ISO 与机械安全相关的技术委员会包括 TC23（拖拉机和农林机械）、TC39（机床）、TC43（声学）、TC72（纺织机械和干洗、工业湿洗机械）、TC86（制冷和空调器）、

TC92（防火安全设施）、TC96（起重机）、TC101（连续机械搬运设备）、TC108（机械振动和冲击）、TC110（工业车辆）、TC117（工业风机）、TC118（压缩、风力机械）、TC127（土方机械）、TC130（印刷机械）、TC131（流体动力系统）、TC148（缝纫机）、TC159（人类工效学）、TC172（光学）、TC178（升降机、电梯、人员输送带）、TC184（工业自动化）、TC192（燃气轮机）、TC199（机械安全）以及TC214（升降台）。除了ISO制定的机械安全标准以外，另一大国际标准组织IEC的部分技术委员会也针对机械电气安全制定了一些机械安全标准，如IEC/TC 16（人机界面、标志和标示的基本安全原则）、IEC/TC 44（机械安全-电气类）、IEC/TC 56（可信性）以及IEC/TC 65（工业过程的测量和控制）等。其中IEC/TC 44制定的IEC 60204-1以规定机械设备电气基本安全要求被大家所熟知。

1.3　我国的机械安全标准

我国的标准分为国家标准、行业标准、地方标准和企业标准四级。国家标准、行业标准又分为强制性标准和推荐性标准两类。保障人体健康，人身、财产安全的标准和法律、行政法规规定强制执行的标准是强制性标准，其他标准是推荐性标准。机械的安全和卫生直接关系到机械使用者的安全与健康，因此目前我国凡是涉及具体机械安全卫生要求的标准一般都是强制性标准。

我国机械安全标准化的发展历程如下：

1988年12月以前，我国的标准化工作的工作方针主要是计划管理、行政主导、强制执行。因此，并不是涉及安全、卫生等方面的标准才是强制性标准，而是几乎所有的标准都属于强制性标准。由于当时我国的经济发展水平比较落后，机械安全标准化工作还没得到足够的重视。这时期制定的机械安全标准主要涉及高危险机械或事故多发机械的安全，而且数量较少。例如，起重机（GB 6067—1985《起重机械安全规程》）、压力机（GB 5091—1985《压力机的安全装置技术要求》）、剪切机械（GB 6077—1985《剪切机械安全规程》）等。

1988年12月29日，《标准化法》的颁布标志着中国的标准化事业发展及其管理开始走上了法制轨道。1990年国务院又颁布了《标准化法实施条例》。根据法律规定，我国的标准分为国家标准、行业标准、地方标准和企业标准四级。国家标准、行业标准又分为强制性标准和推荐性标准两类。保障人体健康，人身、财产安全的标准和法律、行政法规规定强制执行的标准是强制性标准，其他标准是推荐性标准。随着经济的快速发展，特别是改革开放以来，我国陆续制定了很多有关机械安全的国家标准和行业标准，内容涉及木工、锻压、铸造、矿山等机械。这些标准都是由相应行业的主管部门提出制定的，例如劳动部、国家安全生产监督管理局、国家林业局、机械部、农业部等。

虽然1988年后我国制定了不少的机械安全国家标准和行业标准，但由于主管部门不同，制订标准时没有相互协调，造成某些国家标准之间、行业标准之间、国家标准与行业标准之间内容重叠，甚至技术内容冲突，这给机械安全标准的执行造成很大的障碍。这一情况随着全国机械安全标准化技术委员会的成立而逐步得到改善。

全国机械安全标准化技术委员会成立于1994年，编号为SAC/TC 208，作为ISO/TC 199的P成员，SAC/TC 208代表中国参加ISO/TC 199的各种标准化活动。标委会隶属于国家标准化管理委员会，挂靠在机械科学研究总院生产力促进中心。为了避免标准之间的重复，加快机械安全标准制订过程，并使得标准间易于相互引用，全国机械安全标准化技术委员会借鉴了欧盟和 ISO 的经验，把我国的机械安全标准分为基础（A）、通用（B）和产品（C）三类。

注释：

国际标准化组织（ISO）的成员国分为三个级别：P 成员国、O 成员国和一般性的成员国。P 成员国是指"Participating Mcmber"（即"参与成员国"）；O 成员国是指"Obersers"（即"观察者"）根据 ISO 的规则，只有 P 成员国的投票方为"有效"，而 O 成员国的投票只有在其投出"No 票"时才被计入（考虑），而一般性的成员国的投票，ISO 只是一种"考虑因素"。

SAC/TC 208 的工作领域与 ISO/TC 199 的工作领域一致，主要职责如下：

1）负责全国机械安全基础（A 类）标准和通用（B 类）标准的技术归口及 ISO/TC199 的国内对口管理工作；

2）负责全国机械安全的 A 类标准和 B 类标准的制修订工作；

3）负责协调机械安全的 C 类标准与 A 类和 B 类标准之间的关系及技术一致性问题。

我国机械安全标准体系如图 1-3 所示。

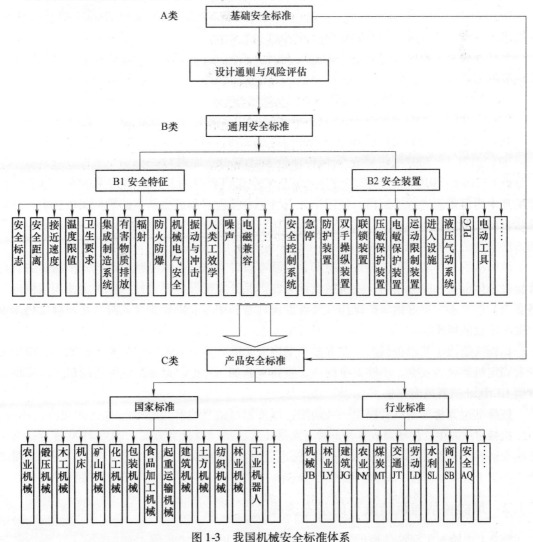

图 1-3　我国机械安全标准体系

第 2 章　重要安全技术标准

2.1　ISO 12100：2010《机械安全 设计通则 风险评估和风险减小》

2.1.1　标准概述

机械工业是国民经济的装备产业，是我国装备制造业的重要组成部分。机械产品在生产和使用过程中的安全问题越来越受到人们的关注。风险评估是保证达到机械本质安全目的的一种重要方法，为工业发达国家和世界主要国家所广泛采用。

ISO 12100：2010 作为机械安全领域内的基础标准，规定了机械设备最基本的安全要求，并给出了风险评估的流程和风险减小的方法。

该标准隶属于机械指令 2006/42/EC，属于机械安全 A 类标准，是制订其他所有机械安全标准的基础和重要依据。所有机械指令范围内的机械都必须满足该标准的要求。

它代替了以下三项标准：

ISO 12100-1：2003《机械安全 基本概念与设计通则 第 1 部分：基本术语和方法》；

ISO 12100-1：2003《机械安全 基本概念与设计通则 第 2 部分：技术原则》；

ISO 14121-1：2007《机械安全 风险评价 第 1 部分：原则》。

ISO 12100：2010 结合了机械设计人员、安全工作者等相关人员的意见，将上述三项标准的技术内容重新进行了编排，便于相关人员更容易理解和遵循基本的机械安全要求；该标准将机械安全的基本要求和方法进行了系统化的梳理，有助于促进机械设备的基本安全要求和方法得到更广泛的推广和应用。

该标准给出了实现机械设备本质安全的基本设计方法——风险减小迭代三步法，为设计者提供总体框架和决策指南，使机械设计者在产品开发阶段能够设计出在预定使用范围内具备安全性的机器，更好地保护操作者及帮助设计者和制造商降低安全风险，从而降低将来发生安全事故的风险。

该标准给出了实现机械设备全寿命周期内安全的方法——风险评估和风险减小，帮助生产者确定机器是否安全，不够安全的话，进行重新加工生产。此标准同时适用机械厂家出口欧盟 CE 认证机器风险评估。

该标准也为标准制订者提供一种策略，以便制订适当的 B 类标准与 C 类标准。

机械事故发生常伴随高成本，不管是人身还是经济以及社会方面。ISO 12100 标准是有助于减少事故的有效工具，在机器设计阶段通过应用方法的确定，避免事故的发生。通过标准的实施将免于人员受伤害、减少金融和人力成本，同时保证使用者的人身安全和使用便利。

2.1.2　风险评估与风险减小的基本流程

图 2-1 中给出了简洁的机械安全设计流程。包含以下三个步骤：

1）风险评估：识别和评价机器生命周期各个阶段及各种操作模式下的危害，以系统方法对于机械有关的风险进行分析和评价的一系列逻辑步骤；

图 2-1　机械安全设计流程

2）风险减小：基于风险评估的结果，采取适当的措施，将风险降至可接受的水平；

3）确认：检查和记录所有措施和结果，并分配 CE 标志。

1. 风险评估

风险评估是以系统方法对与机械有关的风险进行分析和评价的一系列逻辑步骤，包括描述及其限制、识别危险和风险评价的三个步骤，根据风险评估的结果最终判断是否需要减小风险。如果需要减小风险，则需要选用适当的安全防护措施。风险评估的流程如图 2-2 所示。

```
风险评估
┌─────────────────────────────────────────────────┐
│  确定机器的限制  →  识别危险  →  风险评价         │
└─────────────────────────────────────────────────┘
```

图 2-2　风险评估的流程

（1）风险评估第一步：确定机器的限制

风险评估从机械限制的确定开始，该步骤应考虑机械生命周期的所有阶段，同时考虑使用限制、空间限制、时间限制、其他限制等几个方面，以确定机器的限制（见图 2-3 和表 2-1），识别完整生命周期中机器的特征和性能、相关人员、环境和产品。

本书将以切削机床为例介绍风险评估的过程。

图 2-3　确定机器的限制

表 2-1　确定切削机床的机器限制

预定使用目的	切割最大截面是 150mm×150mm 金属固体材料
操作限制	供应电压：400V 三相 60Hz 室内使用（IP54），应用于有灰尘和滴水的室内 温度范围：−15 ~ +50°C
使用人群	仅限有资质的人员，学徒需在有资质的人员的监管
时间限制	150 000 操作小时
空间限制	切割机和工作区域在机器周围 2m 内 装载辅助工具不是机器的一部分

（2）风险评估第二步：识别危险

在确定机械限制后，机械风险评估的基本步骤是系统识别机器生命周期所有阶段可合理预见的危险（永久性危险和意外突发危险）、危险状态和/或危险事件。

机器生命周期的阶段包括：

1）运输、装配和安装；

2）试运转；

3）使用；

4）拆卸、停用以及报废。

只有当危险已经被识别后才能采取措施消除危险或减小风险。为了实现危险识别，有必要识别机器完成的动作和与其相互作用的操作人员执行的任务，同时考虑包括不同的部件、机器的机构或功能，待加工物料以及使用环境。典型危险示例见表2-2和图2-4。

表 2-2　典型危险示例

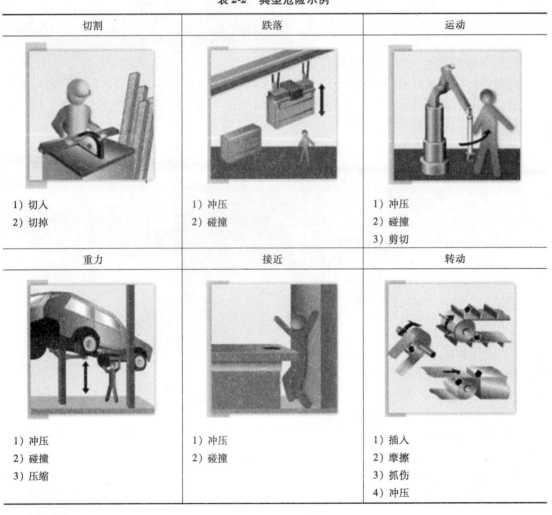

切割	跌落	运动
1）切入 2）切掉	1）冲压 2）碰撞	1）冲压 2）碰撞 3）剪切

重力	接近	转动
1）冲压 2）碰撞 3）压缩	1）冲压 2）碰撞	1）插入 2）摩擦 3）抓伤 4）冲压

切削机床危险识别：

切割危险——

刺穿危险——
挤压危险——
挤压和剪切危险——

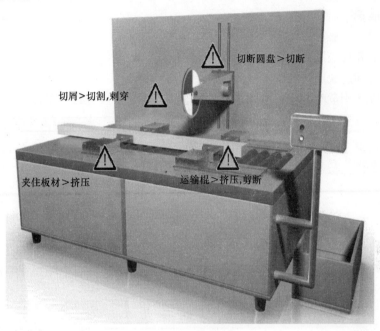

图 2-4　识别危险

（3）风险评估第三步：风险评价

危险识别后，通过确定影响风险的两个要素——伤害严重程度和伤害发生概率，对每种危险状态进行风险评价（见图 2-5）。

在确定这两个要素时，应考虑各要素的相关影响因素。

伤害严重程度：

1）可逆，需要急救；

2）可逆，需要治疗；

3）断肢、断指；

4）死亡、失明或失去手臂；

5）伤害范围、人数。

图 2-5　风险评价

伤害发生概率，与下列三种因素与有关：

1）危险暴露程度：

①进入危险区的需求；

②进入类型和暴露时间；

③进入频率和人数。

2）危险事件发生概率：

①低；

②中；

③高。

3）避免伤害可能性：

①运动类型：（突然、快、慢）；

②人员素质；

③风险意识；

④实践经验和反应能力；

⑤移动能力和逃脱的可能性。

在此处，以切割危险为例，利用风险评估表（见表2-3）进行风险评估。

表2-3　风险评估表

切 割 危 险		发生的概率		
	伤害严重程度	非常可能	可能	不可能
4	不可逆 —死亡 —失去眼睛 —失去手臂		√	
3	不可逆 —手臂受伤			
2	可逆 —医疗救治			
1	可逆 —紧急救治			

针对切削机床的切割风险进行风险评价，结果如下：

①发生概率：可能伤害发生；

②伤害程度：不可逆的伤害，损失手臂。

根据风险评估表可推测出切割危险的风险等级是4B。

2. 风险减小

必要时，风险评估之后需要进行风险减小（见图2-6）。为了尽可能通过采取保护措施消除危险或充分减小风险，有必要重复进行该过程。风险减小的目标是使剩余风险达到可接受水平。

最初的风险　　　　风险减小　　　　剩余风险达到可接受水平

图2-6　风险减小

注：在采用风险减小三步法的每个步骤后确定是否达到充分的风险减小。作为该迭代过程的一部分，设计者还需检查采用新的保护措施时是否引入了额外的危险或增加了其他风险。如果出现了额外的危险，则应把这些危险列入已识别的危险清单中，并提出适当的保护措施。

通过消除危险，或通过分别或同时减小下述风险的两个因素，可以实现风险减小：

1）所考虑危险产生伤害的严重程度；

2）伤害发生的概率。

设计安全功能的架构（简化的表示法见图 2-7）：

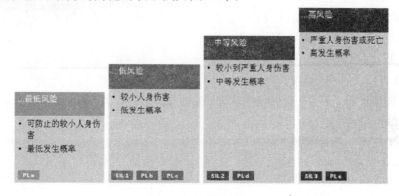

图 2-7　设计安全功能的架构简化表示方法

实际需要的安全等级只能通过与标准相关的条件来确定。可借助于风险图进行确定。

根据风险减小迭代三步法（见图 2-8），风险减小的第一步是本质安全设计措施，如果这些措施已经使得剩余风险可接受，不需要再采取进一步的措施。如果没有达到可接受的水平则需要采取更进一步的措施，减小风险至可接受的水平。

风险减小过程应按照下列优先顺序进行。

第一步：本质安全设计措施

本质安全设计措施通过适当选择机器的设计特性和/或暴露人员与机器的交互作用，消除危险或减小相关的风险。本质安全设计措施是风险减小过程中的第一步，也是最重要的步骤。

第二步：安全防护和/或补充保护措施（见图 2-9）

考虑到预定使用和可合理预见的误用，如果通过本质安全设计措施消除危险或充分减小与其相关的

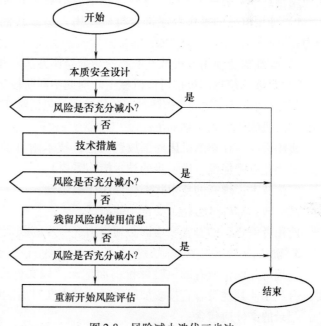

图 2-8　风险减小迭代三步法

风险实际不可行，则可使用经适当选择的安全防护和补充保护措施来减小风险。

切削机床的安全防护/保护措施如下：

以切削机为例，在切割区域四周加上机械防护，可以防止伤害，加上玻璃防护罩可以随时看到工件切割情况。

在该例子中，玻璃防护门可以打开，风险不再像原始风险那样高，但是剩余风险仍未达到可接受的水平。

因此，需要采取如下额外的措施降低风险。

1）玻璃门打开时，机器必须停止；

2）急停按钮按下时，机器必须停止；

3）位置开关：当门打开时，驱动必须停

图 2-9 安全防护和补充防护措施

止，当门打开时，防止机器重起；

4）急停装置，不论保护门是何种状态，机器都能停止。多种类似急停的装置可安装在生产车间的多种不同位置；

5）当门关闭时，驱动开始工作。

在该实例中，通过补充措施的使用，机器剩余风险降低至可接受水平，不需要再采取措施。

如果技术措施仍不能充分降低风险，需要根据三步法给出关于剩余风险的使用信息。如使用个人防护装备。

第三步：使用信息

尽管采用了本质安全设计措施、安全防护和补充保护措施，但风险仍然存在时，则需要在使用信息中明确剩余风险。该信息包括但不限于下列内容：

1）使用机械的操作程序符合机械使用人员或其他暴露于机械有关危险的人员的预期能力；

2）详细描述使用该机械时推荐的安全操作方法和相关的培训要求；

3）足够的信息，包括对该机械生命周期不同阶段剩余风险的警告；

4）任何推荐使用的个体防护装备的描述，包括对其需求和有关使用所需培训等详细信息。

切削机床的使用信息如下：

实施设计：在切削机床周围放置围栏；技术附件的使用（设计和技术措施的执行应将风险最小化以确保没有进一步的技术措施需要）。

实施技术：现有的技术状态确保法律确定性。

试运转：部件试运行、安全功能测试。

使用者信息，如警告和培训必须指出进一步的剩余风险。

3. 确认

应编写并保留所有的风险评价书面记录。以文件形式将风险评价过程记录下来非常重要，有利于使其他没有直接参加风险评价的人在日后能够审查风险评价所做出的决定。

记录的文件应包含：

1）已评估的机械（如规格、限制、预定使用）；

2）已做的任何相关假设（载荷、强度、安全系数等）；

3）风险评估中所识别的危险、危险状态以及所考虑的危险事件；

4）风险评估所依据的信息：①所使用的数据及原始资料（事故历史记录、适用于类似机械的风险减小经验等）；②与所使用的数据有关的不确定性及其对风险评估的影响；

5）通过保护措施所达到的风险减小目标；

6）用于消除已识别的危险或减小风险的保护措施；

7）与该机械有关的剩余风险；

8）风险评估的结果；

9）风险评估过程中完成的所有表格。

上述 6）中所提到的用于选择保护措施的标准或其他规范宜注明来源。

> 注：风险评估必须通过符合性评估程序证明遵守相关的指令，然后完成合格证明，贴 CE 标志。

2.2　IEC 60204-1：2005《机械电气安全 机械电气设备 第 1 部分：通用技术条件》

2.2.1　标准概述

通常，机械安全涉及电气相关的问题，需要遵照 IEC 60204-1 的有关要求。IEC 602040-1：2005 隶属于机械指令 2006/42/EC，机械指令范围内与机械相关的电气、电子和可编程电子设备及系统都必须满足该标准的要求。属于机械安全 B 类标准，适用于机械（包括协同工作的一组机械）的电气、电子和可编程电子设备及系统，提供了关于机器电机设备的要求与建议，以提高人员财产的安全性、控制反应的一致性，以及维护的便利性。

该标准代替了 IEC 60204-1：2000，主要有以下几个变化：①适用范围扩大了，除了适用于原有机械的电气和电子设备及系统，还适用于可编程序的设备及系统；②增加了对控制功能的安全要求；③增加了对活动机械保护接地做的规定；④增加了对自动切断电源作保护的相关说明及条件，对 TN 系统试验也做了规定等。

2.2.2　安全功能

"安全功能"描述的是机器其对某个特定事件的反应（例如，打开防护门时，机器需要停止或限速运行）。

安全功能由安全控制系统执行。通常包括三个子系统：检测装置、评估单元和执行装置（见图 2-10）。

图 2-10　安全功能

1）检测装置（传感器）：检测安全要求，如急停按钮或用于监控危险区域的传感器（光栅、激光扫描器等）是否被触发？

2）安全控制模块/评估单元（如安全继电器、安全 PLC）：

①检测安全要求，启动安全反应（如启动回路的断开）；

②监控传感器和执行器的正确运行；

③根据故障检测，启动反应动作。

3）执行装置：通过下游执行器，隔离危险。

2.2.3　停止

EN 60204-1（VDE 0113 Part 1）为机器停止定义了三种停止类别。这三种停止类别中描述的控制序列是用于实现与任何一种紧急状态无关的停止过程，见表2-4。

表2-4　停止类别

停止类别	说　　明
0	非受控停止；方法:立即断开机器驱动元件的电源
1	受控停止；电动机停止转动时才中止电源供电
2	受控停止；即使电动机已经停止转动,电源仍然继续供电

注：切断操作/仅断开可能产生运动的供电电源。总电源并不切断。

2.3　ISO 13849-1《机械安全 控制系统有关安全部件 第 1 部分：设计通则》

2.3.1　标准概述

随着控制技术的快速发展与广泛应用，集成了机械、电气、电子等技术的复杂安全控制系统正逐步应用于各领域，特别是集成电路、微处理器、嵌入式软件等渐渐成为安全控制系统的核心元素，既可以独立于机器控制系统，也可以是与机器控制系统组成一个系统。除了提供安全功能以外，控制系统安全相关部件（SRP/CS）也能提供操作功能（例如，双手操纵装置作为过程启动的一种手段）。

此时，单纯依赖于结构和元器件的安全控制系统评估技术已不能适应控制技术的快速发展，无法准确评估安全控制系统所能实现的安全功能。为此，ISO/TC 199 于 2006 年发布了关于安全控制系统的新标准 ISO 13849-1：2006。新标准综合考虑了元器件的平均危险失效时间（MTTFd）、诊断覆盖率 DC、共因失效（CCF）以及控制类别（CC）等可靠性指标，并定义了评估安全控制系统性能的新指标——PL。这样，ISO 13849-1：2006 不仅适用于采用电气、液压、气动、机械等技术的安全控制系统，也适用于采用电子/可编程序电子系统的安全控制系统。

ISO13849-1 是在控制系统的设计和评价中给出对所涉及的控制系统的指南，并为正在准备制订希望符合欧盟指令 98/37/EC《机械指令》附录 I "基本安全要求" 的 B2 类或 C 类标准的各技术委员会（TC）提供指南。作为机器全面风险减小策略的一部分，设计者通常愿意通过应用具有一种或多种安全功能的防护装置来达到减小某种程度的风险。

2.3.2　ISO 13849-1 与 EN 954-1 的差异

在过去，我们评估一个控制系统的安全，常常是确定该控制系统的安全控制类别（Control Category），这是根据 EN954-1 标准的要求。但是随着新兴技术的不断涌现，这种设计方法不能满足技术不断进步的要求，加上该标准本身存在的一些缺陷，使得对新标准要求的呼声越来越高。

首先，因为 EN954-1 标准已经使用了 10 多年，而没有进行过更新，使得该标准不能适用现在一些新兴技术的要求；

其次，该标准主要适用气动、液压、电气和部分确定的电子产品系统，不能涵盖目前所有控制系统，特别是不能适应电子技术的快速发展；

第三，使用 EN954-1 是建立在一定的经验基础和条件上，对控制系统进行的评估和确定，对于新出现的控制方法则显得力不从心；

第四，EN954-1 给大家提供的只是对一个系统定性的评估，没有也无法实现定量判断系统的安全性；

第五，过去的标准对于控制系统组成后的外界因素都假定是一成不变的，而没有考虑到意外因素对系统可靠性和安全性的影响。

ISO 13849-1 吸纳了新的技术要求，保留了 EN954-1 的风险评估设计原则，对适用的内容作了一定的补充改进，形成了比较完善和科学的标准。以下为两项标准的主要区别：

首先，ISO 13849-1 在 EN954-1 要求的系统的确定性上，增加了系统故障概率方面的评估，从而更全面地实现从元件到系统进行科学的评估；

其次，ISO 13849-1 最明显地在 EN954-1 标准的基础上作了改进，而且还补充增加了三项内容，从而使一个控制系统的安全评估内容，需要从四个方面来全面衡量，而不仅仅是风险分析和采用的控制类别；

第三，新评估项目的增加，同时也为设计人员提供了更多的设计实现途径和方法，这一点是过去标准所不可能具有的。

这四个参数分别如下：

1）系统实现的性能等级 PL；

2）系统平均危险失效时间 MTTFd；

3）系统诊断检测范围（诊断覆盖率）DC；

4）共因故障预防（共因失效）CCF。

2.4　IEC 62061《机械电气安全 安全相关电气、电子和可编程电子控制系统的功能安全》

2.4.1　标准概述

IEC 62061 是 IEC（国际电工委员会）于 2005 年颁布的标准，主要是对安全相关的电气、电子、可编程序电子控制系统的功能安全要求；从标准的传承来看，IEC 62061 主要参考了 IEC 61508 的第二、第三部分，也就是软、硬件开发的部分，所以，IEC 62061 更适合用来评估比较复杂的电子系统，其根据相关计算得出每个控制通道的 PFH（每小时的危险失效概率），将元件或者系统分为了三个 SIL 等级，即 SIL1 级、SIL2 级、SIL3 级，此三类SIL 等级只是针对电子电气系统。

IEC 62061 中规定的"安全完整性"是指在规定的时间段内，在规定的条件下安全相关系统成功执行规定的安全功能的概率，"安全完整性"必须满足以下三个基本要求：

1）系统完整性；

2）结构约束，换句话说，也就是容错能力；

3）危险的随机（硬件）故障的有界概率（PFHD）。

安全完整性由硬件安全完整性和系统安全完整性构成。在确定安全完整性的过程中，应包括导致非安全状态的所有失效（随机硬件失效和系统失效）的起因。

1. 硬件安全完整性

在危险失效模式中与随机硬件失效有关的安全相关系统安全完整性的一部分。这种随机硬件失效主要在运行过程中体现出来。硬件随机失效是指在硬件中，由一种或几种机能退化可能产生的、按随机事件出现的失效。硬件随机失效可以通过危险失效模式中的失效率或者要求时的硬件安全功能失效概率来量化。也是其中唯一可以用可靠性定量分析计算的部分。安全相关硬件安全完整性规定的级别即实现能估算合理的精确级别，而且需求使用概率组合的标准法则在子系统间进行分配。它需要使用冗余结构达到足够的硬件安全完整性。

2. 系统安全完整性

在危险失效模式中与系统失效有关的安全相关系统安全完整性的一部分。它是由自身隐藏的隐患引发的，原因明确、结果必然，不存在概率问题，通常无法量化。系统完整性是安全完整性里不可定量部分，并且与系统故障导致的硬件、软件的危险失效有关。

安全完整性水平贯穿于安全系统生命周期的始终。安全相关系统的 SIL 应该达到哪一级别，是由风险分析得来的，即通过分析风险后果严重程度、风险暴露时间和频率、不能避开风险的概率及不期望事件发生概率这四个因素综合得出。

2.4.2　IEC 62061 与 ISO 13849-1 的差异

IEC 62061 与 ISO 13849-1 标准均包含了与安全有关的电气控制系统。最终目的是运行通用术语将这两个标准合并成一个标准的两部分。这两个标准采用的方法不同，但结果相同。这些标准旨在让用户自行选择最适合自己条件的标准。用户可选择这两种标准中的任何一种。

采用这两种标准后，可获得同样等级的安全性能与安全完整性。每种标准采用的方法存在差异，但都适于各自的用户。ISO 13849-1 在表 2-5 中给出一种限定情况。在表 2-6 中体现了性能等级（PL）与安全完整性等级（SIL）之间的关系。

表 2-5　ISO 13849-1 和 IEC 62061 的应用推荐

	执行有关安全控制功能的技术	ISO 13849-1	IEC 62061
A	非电，例如液压	X	没有包括
B	机电，例如继电器和(或)简单电子器件	限制在指定结构①内且最大为 PL = e	所有结构，最大为 SIL3

（续）

	执行有关安全控制功能的技术	ISO 13849-1	IEC 62061
C	复杂电子器件,例如可编程的	限制在指定结构①内且最大为 PL = d	所有结构最大为 SIL3
D	A 与 B 组合	限制在指定结构①内且最大为 PL = e	X③
E	C 与 B 组合	限制在指定结构内且最大为 PL = d	所有结构最大为 SIL3
F	C 与 A 组合,或 C 与 A、B 组合	X②	X③

注：X 表示此项由该栏标题中所示的标准处理。

①　是指定结构在 ISO 13849-1：2006, 6.2 中规定，目的是给出量化性能等级的简单方法。

②　是对于复杂电子器件：采用按照 ISO 13849-1：2006 的指定结构，且最大为 PL = d，或者 IEC 62061 中的任意结构。

③　是对于非电技术，采用 ISO 13849-1：2006 中的部件作为子系统。

表 2-6　性能等级（PL）与安全完整性等级（SIL）之间的关系

PL	SIL 工作模式为高/连续	PL	SIL 工作模式为高/连续
a	无对应等级	d	2
b	1	e	3
c	1		

　　为了能够采用复杂的、可由先前非传统系统结构执行的安全功能，IEC 62061 标准提供相应的方法。为了提供采用传统的系统结构执行更传统的安全功能所需的更直接、更简单的路径，ISO 13849-1 标准也给出了相应的方法。

　　这两种标准的重要区别是适用于不同的技术领域。IEC 62061 标准仅限于在电气系统领域。ISO 13849-1 标准则适用于气动、液压、机械以及电气系统。

　　ISO 13849 和 IEC 62061 均规定了安全相关控制系统在设计和使用方面的要求。这两项标准给出的方法虽然不同，但如果正确使用，都可以达到相似的减小风险水平。

第3章 机械安全控制系统

3.1 机械安全控制系统的技术规范与设计

3.1.1 用于机械控制的安全相关部件

1. 四种风险因素

采用风险评估,可以通过以下四种风险因素对风险进行判定:

1) 潜在性损伤的严重性;
2) 人员出现(暴露)在危险区域的频繁程度(频率);
3) 危险性事件发生的概率;
4) 避免损伤或实现伤害最小化的可能性。

这些风险因素构成了用于实现安全相关控制功能的输入参数:采用这些输入参数,可以将风险分摊给安全相关控制的相关要求。因此,IEC 62061 提供了一个程序,用于这些风险因素的评估和安全性能的分级(见图 3-1)。

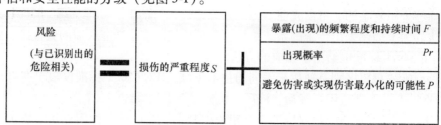

图 3-1　与被识别危险有关的风险

2. 确定必要的安全性能(安全完整性)

如果风险评估判定控制器失灵,或保护装置的故障可能导致超过容许程度的严重风险,则必须将该风险概率降低至剩余风险可以被接受的程度。换句话说,即该控制器必须达到足够的"安全性能"。

IEC 62061 提供了一个程序,该程序采用了一种对风险进行分级的方法,也就是说对于风险进行了概率的、量化的分析,从而对于安全性能实现了层次化的分级。这个风险分析的结果即是相关安全功能的安全完整性等级(SIL)。

ISO 13849-1 包含有一个类似的、对安全性能进行量化和层次化分析的过程。该标准中所规定的不同的性能等级(PL),可以通过指定的故障概率与 IEC 62061 中的 SIL 关联起来。

通过采用 EN ISO 13849-1 和 IEC 62061 标准,机器制造商可以保持与新机械指令所规定的内容的一致性,从而也就具备了出口能力和承担了相关的责任。这些标准既引入了定量,也引入了定性方面的考虑因素。通过采用合适的安全功能,并引入用于降低风险的保护措施，均源自风险评估的程序。此后，采用硬件组件和软件组件（如果适用的话），对安全功能的解决方案进行检查和评估，直至已经达到风险评估所要求的安全完整性为止。

> 注：对于将要设计制造的机器设备，如果符合一个已有的 C 类标准，则优先考虑该标准中描述的保护措施。然而，为了保证其技术要求不落后于当前最先进的技术发展水平，仍然必须进行上述检查过程。

3. 风险图（参考标准：ISO 13849-1）

目的：

采用风险因素计算所需要的性能等级 PLr，即危险性系统故障的概率（见图 3-2）。

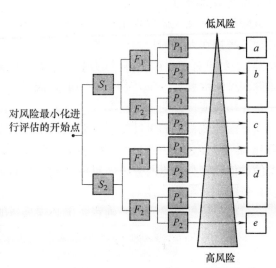

图 3-2　根据 ISO 13849-1 制作的风险图，用于确定所要求的性能等级

为了确定必要的性能等级，使用了参数 S（损伤的严重程度）、F（暴露在危险区域中的频率和（或）持续时间）和 P（避免危险或实现伤害最小化的可能性）。

对于损伤的严重程度 S，通常分为可逆性的（例如，挤压创伤或轻伤，通常是可以恢复的）和不可逆性的（例如，截肢、死亡，通常是不可以恢复的）。

对于暴露（出现）在危险区域中的频繁程度（频率）和持续时间 F，通常没有一个严格意义上的时间限度。如果人员暴露在危险区域的频率超过每小时一次（例如，需要去安放和固定需要加工的工件），则必须选择 F_2（连续不断且频繁地暴露（出现）在危险中）。该参数的选择与是否是同一个操作人员暴露（出现）在危险区域中无关。如果这一类操作只是偶尔才需要执行，则可以选择 F_1（很少地或者不经常性地暴露（出现）在危险区域中）。

对于避免危险或实现伤害最小化的可能性 P，存在很多不同的影响因素。此时，必须考虑操作人员接受培训后的结果、知识水平，以及规避风险的措施是否可以确保提高风险避免的概率，或者操作是否始终是在监管下进行的。只有确实可以避免事故或者可以明显减小损伤水平的情况下，才必须选择参数 P_1（特定条件下可以）。

性能等级（PL）是安全性能的一种定量的方法，如同 IEC 61508 和 IEC 62061 中的安全完整性等级（SIL）。

4. 用于实现控制器的安全性能（参考标准：IEC 62061）

标准 IEC 62061 附录 A 用表格的形式描述了这个程序。这些表格可以直接用于风险评估数据和 SIL 的分配结果。

对于各个风险参数，采用表头中给出的分值为其选择相关权重。全部参数的加权值的和构成了损伤概率。

$$C = F + Pr + P$$

暴露频率和持续时间采用参数"F"表示。不同的运行模式（自动模式、维护模式等）要求操作人员进入危险区的必要性，可能是不同的。操作类型（设置刀具、供料等）也至关重要。从相关表格中选择适用频度和持续时间。如果暴露时间小于 10min，则其值可以参考下一级的规定分值。然而，小于等于 1h 时，频度值不得做减小处理。

危险事件的发生概率采用参数"Pr"表示。该参数的评估必须独立于其他参数。此时，也必须考虑操作人员的行为（即约束条件，例如因时间限制承受的精神压力、并未意识到危险等）。对于正常生产条件下的最坏情况，该概率为"极高"。采用较低分值时，必须对具体原因进行解释（例如操作人员的能力极好）。

避免伤害或伤害受限的概率采用参数"P"表示。此时，必须考虑机器的因素（例如将机器从危险区域移走的可性能）和危险能否检出的因素（例如因周围噪声过高无法检测出危险）。根据该表格进行分级（不可能、可能、很可能）。

借助该概率类别以及被考虑危险可能导致的损伤严重性，可以从该表查出相关安全功能必须具备的 SIL 等级。

其目的是根据风险因素，确定系统必须具备的安全完整性等级 SIL（见图 3-3）。

暴露频繁程度和持续时间 F		出现危险性事件的概率 Pr		避免的可能性 P	
≤1h	5	频率	5		
>1h至≤1天	5	很可能	4		
>1天≤2周	4	可能	3	不可能	5
>2周至≤1年	3	极少	2	可能	3
>1年	2	可忽略不计	1	很可能	1

示例计算

后果	伤害程度 S	类 $C = F + Pr + P$				
		3–4	5–7	8–10	11–13	14–15
死亡，摘除眼球或截肢	4	SIL 2	SIL 2	SIL 2	SIL 3	SIL 3
永久性地失去手指	3	其他措施		SIL 1	SIL 2	SIL 3
采用医疗手段可以逆转	2				SIL 1	SIL 2
通过急救手段可以逆转	1					SIL 1

图 3-3 　确定所需要的 SIL

3.1.2　安全要求的技术说明

对于已经标识为与安全相关的控制功能，或者需要采用控制器实现的防护措施，必须在安全要求技术说明中定义这些"安全功能"（"安全相关控制功能"）准确的要求。该技术说明包含了对各个安全相关功能的描述信息：

1）功能性，即所需的全部输入信息以及它们的逻辑组合、相关输出状态或动作，以及使用频度；

2）必要响应时间；

3）所要求的安全性能。

安全要求技术说明包含控制器的设计和实现所需要的全部信息。它是机器设计人员和控制器制造商/集成商之间的接口性文件，因此安全要求的技术说明也可以用来界定各方的责任。

3.1.3　设计和实现符合标准 IEC 62061 的（安全型）控制器

1. 原理/理论

（1）安全相关控制系统的结构化原理

正确的设计，是控制器按照预定目标正常运行必不可少的前提。为了实现这一目标，IEC 62061 定义了一个系统性的、自上而下的设计流程：

安全相关电气控制系统（SRECS）包括负责信息采集（检测装置，如急停按钮、安全门锁、安全光幕）、信息评估（评估单元，如安全继电器、安全 PLC）直至动作执行（执行装置，如带有强制断开结构的接触器）等的全部组件。为了简洁地、系统性地描述符合 IEC 61508 标准的安全相关电气控制系统（SRECS）的设计、安全评估和实现等流程，标准 IEC 62061 采用了一种基于以下结构元素的结构化设计原理（见图3-4）。

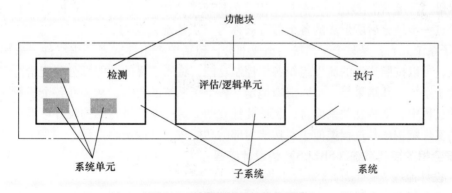

图3-4　系统结构的结构化元素

对于计划中需要设计和制造的一台机器，我们首先可以将其划分为"虚拟"（即功能）视图和"真实"（即系统）视图。从功能视图的角度，只考虑需要实现的功能因素（如工艺过程），例如需要采集（监测）的信息、信息之间的组合（逻辑关系），以及需要产生的动作等，而不需要考虑实现这些功能的硬件和软件是如何实现的，也就是说，对于信息收集是否要求使用冗余结构的传感器、如果需要根据逻辑结果控制多个执行器，在这里不需要进行描述。对于所考虑的安全相关电气控制系统（SRECS），只是从"真实视图"的角度才考虑如何实现相关的安全功能的问题。此后，必须对需要实现的目标——各个安全性能要求，采用一个还是两个传感器完成特定信息的采集等问题作出决定。本章节将对相关术语进行定义。

（2）用于功能结构化（功能视图）的术语

1）功能块：安全相关控制功能（SRCF）的最小结构单元。这类单元出现故障时将会导致安全相关控制系统出现故障。

说明：

a）在 IEC 62061 中，SRCF（F）被看作功能块（FB）之间的逻辑"与"（&）运算，例如，$F = FB1 \& FB2 \& \cdots \& FBn$；

b）IEC 61131 标准和其他标准对功能块的定义与此处的定义不同。

2）功能块元素：某个功能块的组成部分。

（3）用于真实系统结构化（系统视图）的术语

1）安全相关电气控制系统（SRECS）：机器的电气控制系统出现故障时，将会导致风险直接上升。

说明：

a）安全相关电气控制系统（SRECS）包含了电气控制系统的全部零部件；

b）这些零部件的故障将导致安全功能的性能下降，甚至完全丧失安全功能；

c）安全相关电气控制系统（SRECS）既包括电源供电回路，也包括电气控制回路。

2）子系统：是安全相关电气控制系统（SRECS）体系结构设计中的顶层的组成部分。任何一个子系统出现故障，均会导致安全相关控制系统出现故障。

说明：

这里的"子系统"与可以指称任意下层单元的通用"子系统"不同。在 IEC 62061 标准中，术语"子系统"是用于一种严格定义的层级术语中。"子系统"意即顶层的细分。某个子系统进一步细分后所形成的各个部分被称为"子系统元素"。

3）子系统元素：是某个子系统的组成部分，包括单个组件或者一组组件。采用这些结构化元素，可以按照清晰的流程组织各个控制功能，将所定义的功能部分分配给特定的硬件组件以及子系统。其结果是，可以清晰地定义各个子系统的要求，从而在各个子系统的设计与实现的过程中，就相互关系而言，是彼此独立的。对子系统进行结构设计可以获得整个控制系统的实现结构。其过程类似于对功能内部的功能块进行的逻辑设计。

2. 安全相关控制系统（SRECS）的设计流程

（1）设计流程

获得安全要求技术说明后，即可设计、实现所要求的控制系统。通常，市面上无法直接购买到能够满足特定应用的专用的控制系统，取而代之的是，必须针对目标机器的具体情况进行二次开发，采用可用设备设计并制造这类控制系统。

本设计流程采用循序渐进的设计方法。第一步是为各个安全功能寻找合适的安全控制系统结构。接下来，对所设计的目标——机器的所有安全功能的结构进行集成，即构成一个安全控制系统（见图3-5）。

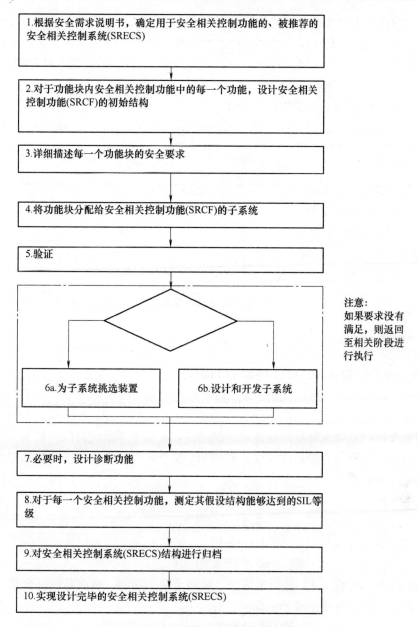

图 3-5 安全相关控制系统的设计过程

（2）安全功能的结构化

结构化设计的基本原理涉及将各个控制功能细分到相应的功能块。细分的目的是确保这些功能块可以分配给具体的子系统（见图 3-6）。各个功能块的选择必须确保特定子系统可以完整地实现相应的安全功能。必须注意，每一个功能块都代表着为了正确地实现所有安全功能而必须正确地实现的逻辑单元。

（3）符合标准 IEC 62061 的子系统的安全性能

根据标准 IEC 62061 的规定，"安全完整性"必须满足以下三个基本要求。这三个要求根据 SIL 进行了如下分级：

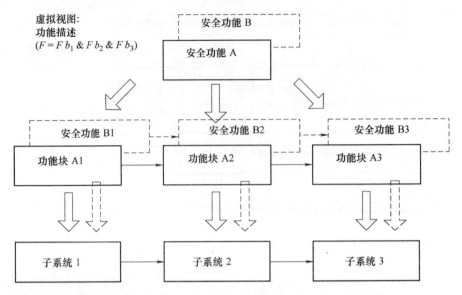

图3-6　将安全功能分配给功能块以及将功能块分配给子系统

1）系统完整性；

2）结构约束（即容错能力）；

3）安全功能的危险的随机失效概率（PFHD）。

系统对整个功能要求的系统完整性1）以及结构约束2）既适用于单个子系统，也同样适用于整个系统。也就是说，如果各个子系统满足了某个特定SIL所要求的系统完整性和结构约束，则整个控制系统也满足这些要求。但是，如果某个子系统只能满足某个较低SIL的相关要求，则会限制整个控制系统可以达到的SIL安全等级。因此，我们将其称为子系统的"SIL要求限制（SIL CL）"。

①系统完整性：

$$\text{SIL SYS} \leq \text{SIL CL}_{\text{lowest}}$$

②结构约束：

$$\text{SIL SYS} \leq \text{SIL CL}_{\text{lowest}}$$

对危险的随机失效概率3）进行的限制，适用于整个功能。也就是说，全部子系统作为一个整体考虑，不得超过这个概率。此时，有

$$\text{PFHD} = \text{PFHD}_1 + \cdots + \text{PFHD}_n$$

3. 安全功能系统设计

（1）结构设计

针对特定安全功能控制系统的结构，其逻辑结构与此前确定的安全功能的结构相一致。为了定义实际的系统结构，安全功能的功能块被分配给特定的子系统。此后，需要完成这些子系统的互联。还需依据功能结构指定的连接方式，通过互联来建立连接。物理互联需要考虑所选技术的特性，例如通过单线连接（点对点）或者总线连接进行。

对于机器或工厂的其他安全功能，也采用该程序进行同样的处理。但是进行这样操作的同时，与其他安全功能相应的功能块也可以分配给相同的子系统（见图3-7）。这样，就可采用相同的传感器为两个不同功能采集相同的信息（例如，同一扇防护门的位置信息）。

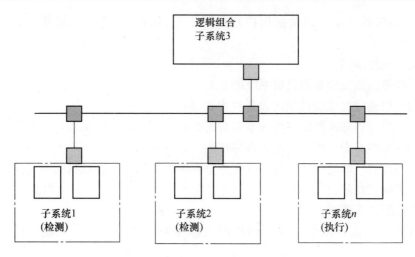

图 3-7　示例：安全功能的系统结构

（2）选择合适的装置（子系统）

用来实现某个安全功能的子系统必须具备必要的功能性，且必须符合标准 IEC 62061 的相关要求。基于微处理器的子系统必须达到标准 IEC 61508 规定的相关 SIL 安全等级。

各个子系统必须符合技术说明中所要求的安全参数（SIL CL 和 PFHD）的规定。

大多数情况下，这些装置必须配合其他故障检测措施（诊断）才能真正达到作为一个子系统被要求实现的安全性能。通过附加装置（例如，安全继电器）或者在逻辑处理期间通过相应的软件诊断块也可以完成这类故障检测任务。对于这类情况，设备描述中必须包含相应的信息。

如果无法获得符合所述子系统要求的合适装置，则必须采用可用装置组装成该装置，也就是说，必须对现有可用的资源进行二次开发。这种情况要求一个后续设计的步骤。关于该设计步骤，详细描述请参阅"子系统的设计和实现"。

4. 实现安全相关控制系统

实现安全相关控制系统时，必须确保该系统完全满足根据目标 SIL 所确定的全部要求。其目的是有效地降低可能危害安全功能并导致其出现系统性故障和随机性故障的概率。请注意以下的因素：

1）硬件完整性，换句话说，也就是结构约束（容错能力）

2）系统完整性，换句话说，也就是避免缺陷和控制缺陷时必须具备的要求

3）检测出缺陷时以及软件设计开发期间的处理方式

（1）硬件完整性

对于目标安全等级的系统所要求的、足够的容错能力，每个子系统都必须具备。这取决于子系统中可以转换成某种安全状态的缺陷与子系统可能出现的全部缺陷之间的比。某个子系统中，诊断功能可以及时检测出来的、潜在的危险缺陷可以被视为能够转换成某种安全状态的缺陷。

通常在技术说明中指定 SIL 等级，对容许的安全功能的故障概率进行限制。

（2）系统完整性

　　如何避免系统性缺陷，以及如何控制系统中残留缺陷，适合采用并且必须采用以下措施：

　　1）避免系统性缺陷：

　　a）必须严格遵照安全规划完成系统的安装；

　　b）必须严格遵守制造商提供的设备技术规格；

　　c）电气安装过程必须严格符合标准 IEC 60204-1（章节 7.2、9.1.1 和 9.4.3）的要求；

　　d）必须仔细检查设计的适用性，并完成相应的修正；

　　e）请使用计算机辅助设计工具，以便充分利用预先组态的、成熟的单元模块。

　　2）控制系统性缺陷：

　　a）采用电源切断准则；

　　b）采取相关措施，以便控制（例如因电源中断而造成的）子系统的临时性故障或缺陷；

　　c）采用总线方式连接子系统时，必须符合标准 IEC 61508-2 对于数据通信（例如 PROFIsafe 和 ASIsafe）的要求；

　　d）必须对子系统的（布线）连接或接口进行缺陷检测，并且确保可以做出合适的响应。对于系统性处理工作，要求将接口和布线视作相关子系统的组件部分。

　　详细描述，请参阅标准 IEC 62061 6.4。

　　（3）检测出某个缺陷时的行为

　　对于可能导致某个安全功能出现故障的子系统缺陷，必须及时检测出这类缺陷，且确保可以做出合适的响应，以避免危险的发生。对自动缺陷检测（诊断）功能的性能要求取决于所用装置的故障率，以及要求达到的 SIL 安全等级（或者子系统必须具备 PFH）。

　　检测出某个缺陷时，系统或子系统必须采取的行为取决于相关子系统的容错性能。如果检测出的缺陷不会直接导致安全功能出现故障，也就是说，容错率 >0，则无需立即进行缺陷响应；但随后出现缺陷的概率变得更大的情况除外（通常数小时或数天后再次出现缺陷）。如果检测出的缺陷将会直接导致安全功能出现故障，也就是说，容错率 =0，则必须在出现危险时立即进行缺陷响应。

　　（4）达到的安全性能

　　每个安全功能的技术说明都定义了该安全功能所要求的安全性能。安全相关控制系统必须满足该安全性能的要求。

　　测定某个系统已经达到的安全性能时，必须考察每一个安全功能。也就是说，必须通过对各个被考察的安全功能所涉及的系统结构和子系统的安全参数来完成该项测定。

　　（5）根据标准 IEC 62061 的要求进行设计

　　安全相关系统可以达到的 SIL 安全等级受限于子系统的"SIL 适合性"。系统的 SIL 值将被限制为所用子系统的 SIL 值的最小值（也就是说，链条整体的强度取决于其最薄弱的环节；或理解为"木桶效应"）。

　　1）系统完整性：

$$SIL\ SYS \leqslant SIL\ CL_{lowest}$$

　　2）结构约束：

$$SIL\ SYS \leqslant SIL\ CL_{lowest}$$

对于各个子系统之间的互联，必须满足同样的要求。因此，每一根连线都被视作相互连接的两个子系统各自的组成部件。采用总线连接时，发送和接收的硬件/软件也是子系统的组成部件。

除了基本适用性之外，还必须考虑每一个安全功能的危险故障的发生概率。该概率的数值就是相应安全功能涉及的各个子系统的故障概率的、简单的累加值：

$$PFHD = PFHD_1 + \cdots + PFHD_n$$

对于总线连接方式，上述概率的数值还得加上数据传输可能出现错误的概率（PTE）。

对于某个具体的安全功能，采用上面的公式计算出来的数值必须小于等于根据相关 SIL 所确定的值。

安全功能危险故障概率的极限值见表 3-1。

表 3-1 安全功能危险故障概率的极限值

安全完整性等级	SIL 1	SIL 2	SIL 3
单位小时危险性故障概率（PFHD）	$< 10^{-5}$	$< 10^{-6}$	$< 10^{-7}$

5. 全部安全功能的系统集成

完成全部安全功能的结构设计之后，下一步是对这些具体功能的结构进行集成，以构建完整的安全相关控制系统。

任何时候，只要出现多个安全功能采用同样的功能块，则可以采用公用子系统实现这些安全功能：

1）例如，仅需要采用一个模块化安全系统就可以实现全部安全功能的逻辑。

2）必须监测同一扇防护门的状态，以降低数量众多的不同类型的危险，也就是说，不同安全功能都需要使用该状态信息，那么这扇防护门上只需要为这些不同的安全功能安装一个传感器（如安全门开关）。

上述做法并不会影响已经为各个安全功能确定的安全完整性。唯一的例外是，确定机电装置（如易损耗的行程开关）的开关频率时，必须考虑上述做法是否影响安全完整性。

6. 实现子系统的设计

除了可以直接选用市面上已有的子系统之外，另一种可选方案是，采用本身不能满足安全需求，但是组合使用后可以满足安全需求的装置组装成一个子系统。此时，与系统完整性和结构约束相关的安全功能的 SIL 等级，强制要求实现 SIL 的要求限制（SIL CL）。对于各个子系统，在设计系统结构时，已经确定了危险的随机故障概率（PFHD）和 PFH 最大值。

无论是实现必要的容错性能，还是启用故障检测（诊断），通常都要求实现冗余——至少 SIL 2 和 SIL 3 要求如此。此外，采用两个装置组合成一个子系统时，也可能需要减小危险性故障的概率。

关于子系统的设计和实现，准确的要求请参阅标准 IEC 62061 的章节 6.7 和 6.8。以下章节仅提供一些概括性的描述。

（1）子系统的结构设计

如果直接使用针对某个特定任务（子功能、"功能块"）而提供的装置而无法达到必要的安全完整性（安全性能）时，就必须考虑设计专用的子系统结构。通常情况下，以下安全相关功能只有通过专用的结构措施才能够实现：

1）小故障概率；

2）容错、故障控制；

3）故障检测。

特殊措施的必要性取决于所要求的安全性能（安全完整性）。

专用（子）功能、功能块（例如锁定防护门）被分配给子系统。这个功能块首先被细分给各个单元（功能块单元）；接下来这些单元被分配给具体的装置和子系统单元。同一个功能，通常可以分配给两个功能块单元（实际上，该功能被复制成两份）。采用单独的装置实现这些功能块单元后，该子系统将具备单故障容错性能（单冗余）。

（2）检测子系统中的故障（诊断）

对于不具备容错性能的子系统，每出现一个故障都意味着失去一个功能。功能故障可能使机器进入危险状态，也可能使机器进入安全状态。这主要取决于故障的类型。使机器进入危险状态的故障非常危险，它们被称为"危险故障"。为避免危险的故障导致真正的危险，可以通过诊断的方式检测出特定故障，并在危险出现前让机器进入安全状态。从而可以将通过诊断功能检测出来的危险故障转变成"安全故障"。

但是，对于冗余子系统来说，通常第一个故障不会导致功能故障。只有后续的（或称之为"累积的"）故障才会导致功能丧失。因此，为了避免子系统出现故障，必须在第二个故障出现之前，检测出第一个故障。当然，故障检测功能必须与某个合适的系统响应相关联。最简单的方法是，直接关停机器，将机器转至不需要任何（故障）安全功能的安全状态。

将故障检测（诊断）功能关联至合适的故障响应之后，两种情况下相关安全功能出现危险性故障的概率将更小。该概率的数值的下降程度，除了其他因素之外，还取决于可以检测出来的危险性故障的数量。该指标采用诊断覆盖率（DC）进行衡量。

某个子系统内的故障检测功能可以由相关子系统自己来完成，也可以由另一个装置（例如安全继电器）来完成。

（3）子系统的系统完整性

设计和实现某个子系统时，必须采用相应措施来避免或者控制系统性故障，如下：

1）所采用的装置必须符合相关国际/国内标准的要求；

2）必须严格遵守制造商给出的使用条件；

3）所采用的设计和材料必须能够适应所有的预期环境条件；

4）必须预先定义对环境影响的响应行为，以保证机器始终处于某种安全状态；

5）支持在线故障检测；

6）可以强制性地启动某个保护措施。

标准 IEC 62061 中描述的设计需要，仅仅适用于低复杂程度的电气子系统，也就是说，不适合带有微处理器的子系统。所要求的措施同样适用于所有的 SIL 安全等级。

（4）子系统的故障概率（PFHD）

可能出现的故障，根据它们是"安全的"还是"危险的"进行区分。子系统危险性故障的定义如下：

危险性故障指安全相关电气控制系统（SRECS）、子系统或者子系统单元中出现的可能导致危险事件发生或者无法正常工作状态的故障。

注：此类状态是否出现可能取决于系统结构。在安全性更好的多通道系统中，可能导致全面性危险状态或者某个功能故障的危险性硬件故障的概率较小。

这意味着，在某个冗余子系统（即容错能力为 1）中，对于某个通道中的某个故障，如果在没有第二个通道的情况，该故障可能导致机器出现危险状态，则认为该故障是危险的。

对于安全要求来说，危险性故障的概率非常的关键。尽管"安全故障"会影响系统的可用性，但是它们不会导致危险事件。

子系统的故障概率取决于构成该子系统、系统结构和诊断措施的装置的故障率。标准 IEC 62061 中给出了两种最常用结构的故障率的计算公式。

（5）带诊断功能的非容错型结构

采用这种结构（见图 3-8）时，子系统的任何一个单元出现故障都会导致子系统故障，也就是说，单个故障就可能导致实际的安全功能出现故障。但是，这并不意味着一定会出现安全功能丧失这样的危险性。根据故障类型的不同，机器可能转至某种安全状态，也可能转至某个危险状态，也就是说，子系统的故障可能是"安全的"或"危险的"故障。如果危险的失效概率（PFHd）大于技术说明中的给定值，则必须通过诊断措施检测出这些故障，并在危险出现前启动某个故障响应。这种方法可将危险故障转变成安全故障，从而降低危险的失效概率；据此，有可能达到技术说明中容许的故障概率。

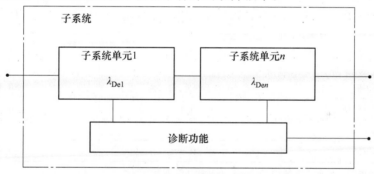

图 3-8　带诊断功能的非容错型子系统的逻辑结构

（6）带简单容错功能和诊断功能的结构

采用这种结构（见图 3-9）时，第一个故障暂时不会导致功能故障。但是，在第二个故障出现的概率大于技术说明中给出的限制值（也就是说，子系统出现故障）之前，必须检测出第一个故障。

除了随机性的独立故障之外，冗余子系统出现共因故障的可能性也必须高度注意。同质化的冗余结构设计对这类故障的预防将无能为力。因此，必须在设计阶段采取相应的系统性措施，以便将它们的概率降至足够低的水平。计算子系统故障概率时，必须考虑共因故障，因为无论怎样努力，并不能彻底根除这类故障。此时常常借助共因因子。共因因子可用来评估所采用措施的有效性。标准 IEC 62061 的附录 F 给出了一个表，采用该表可以确定所达到的共因因子。

采用这种结构后，任何一个子系统单元中的单一故障均不会导致安全相关控制功能出现故障。

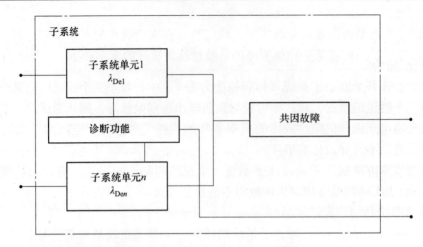

图 3-9　带简单容错功能和诊断功能的子系统的逻辑结构

（7）子系统的结构约束

根据子系统可能出现故障类型的不同，结构约束（即容错能力）要求达到某个最低程度的容错性能。对于某个特定 SIL，"安全"故障的占比越大，所要求的容错性能越低。

表 3-2 中列出了相关极限的数值。此处的"安全故障"也包括由诊断功能检测出来的潜在性危险故障。

表 3-2　子系统的结构约束

安全故障的比例	硬件容错（数量）	
	0	1
<60%	不容许（关于例外，请参阅标准）	SIL 1
60% ~ <90%	SIL 1	SIL 2
90% ~ <99%	SIL 2	SIL 3
≥99%	SIL 3	SIL 3

说明：硬件容错指标为 N 表示第 $N+1$ 个错误将会导致功能丧失。

因此，对于例如某个 SIL 2 的子系统，如果 90% 以上的故障会导致系统进入某种安全状态，则该子系统无需任何容错能力（FT = 1）。绝大多数装置仅靠本身的设计性能无法达到这个数值。然而，采用诊断功能来检测故障并及时启动合适的响应，可以降低危险性故障的比例。

某个子系统安全故障的分数值是使机器进入某种安全状态的故障占该子系统全部故障的加权百分比，其中加权系数为各个故障的出现的概率。

3.1.4　根据标准 ISO 13849-1 设计和实现某个控制器的安全相关部分

（1）目的

安全相关（控制）系统必须正确无误地执行安全功能。即使出现故障，安全相关（控制）系统的行为方式必须确保机器或工厂处于（或者进入）某种安全状态。

（2）确定必要的安全性能（安全完整性）

安全功能的要求，通过风险评估过程进行确定。参见章节"用于机器控制的安全相关部件。

标准 13849-1 规定了必要的性能等级 PLr。参见章节"用于机器控制的安全相关部件"。

（3）控制器的安全相关部件的设计过程

和 IEC 62061 相比，标准 ISO 13849-1 中的安全类别也涉及安全相关系统（的安全功能）及其子系统。根据标准 ISO 13849-1 的要求，设计和实现安全相关控制系统时，同样的安全相关系统的结构设计原则也可以用作标准 IEC 62061 中所描述的相关部分。此时，以这种方式划分的各个子系统都必须达到安全功能所要求的性能等级。安全类别的相关要求同样适用于子系统彼此之间的连接。

标准 ISO 13849-1 中，还将性能等级 PLr 引入了设计阶段，将其作为与安全类别有关的故障概率的定量分析的指标。

图 3-10 中描述了用于设计控制器安全相关部件（SRP/CS）的迭代过程：

（4）根据标准 ISO 13849-1 进行设计

结构设计围绕着所要求的性能等级 PLr 进行。

ISO 13849-1 中的设计方案基于事先专门定义的控制器安全相关部件的结构。

某个安全功能可能由一或多个安全相关控制器部件（SRP/CS）组成。

此外，安全功能也可能是诸如用于启动某个过程的双手控制装置等的操作功能。

典型的安全功能通常由以下安全相关部件组成：

1）输入（SRP/CSa）；

2）逻辑/过程（SRP/CSb）；

3）输出/能量传输单元（SRP/CSb）；

4）连接（iab，iac）（例如，电气连接、光学连接）。

注：安全相关部件可能包含一或多个组件；每个组件可以包括一或多个单元。

所连接的全部单元都包括在安全相关部件内。

确定了控制器的安全功能之后，必须确定控制器的安全相关部件。此外，还必须评估它们在风险降低过程中的作用（ISO 12100）。

（5）性能等级 PL

对于标准 ISO 13849，安全相关部件实现某个安全功能的能力可以通过性能等级的确定来描述。

对于选择用来完成某个安全功能的每个 SRP/CS 和（或）SRP/CS 组合都必须进行 PL 评估。

确定 SRP/CS 的 PL 时，必须进行以下评估：

1）MTTFd（平均危险故障时间）；

2）DC（诊断覆盖率）；

3）CCF（共因故障）；

4）结构；

5）安全功能在故障条件下的表现；

6）安全相关软件；

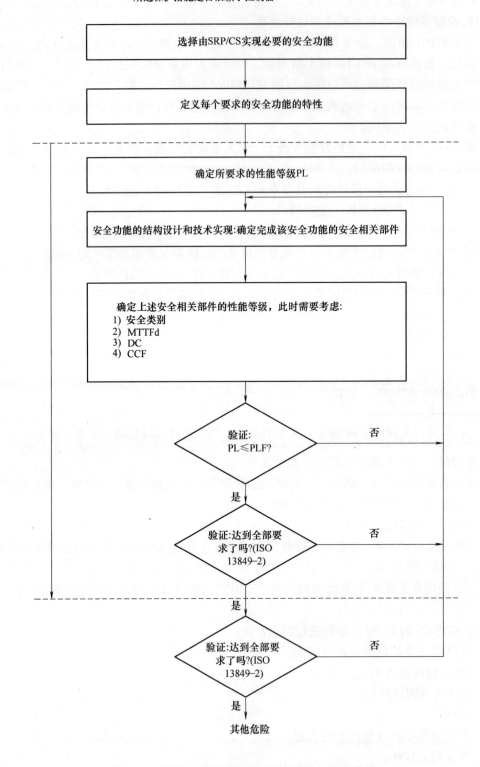

图 3-10　用于设计控制器安全相关部件的迭代过程

7）系统性故障。

（6）各个通道的平均危险故障时间（MTTFd）

各个通道的 MTTFd 值的定义有三个级别（见表 3-3）。对于每一个通道，必须单独地考虑该值（例如单个通道或者冗余系统中的每一个通道）。关于 MTTFd，可以确定年数的最大值是 100。

（7）诊断覆盖率（DC）

诊断覆盖率的值定义为四个级别（见表 3-4）。评估诊断覆盖率时，大多数情况下，可以采用失效模式和后果分析（FMEA）程序或者类似程序。在这种情况下，必须考虑所有的相关故障和（或）失效模式，而且，还必须参照目标性能等级（PLr），检查用于完成相关安全功能的 SRP/CS 组合的 PL 值。标准 ISO 13849-1 附录 E 给出了一种简单的 DC 评估方法。

表 3-3　平均危险故障时间（MTTFd）

低	3 年 ≤ MTTFd < 10 年
一般	10 年 ≤ MTTFd < 30 年
高	30 年 ≤ MTTFd ≤ 100 年

表 3-4　诊断覆盖率（DC）

无	DC < 60%
低	60% ≤ DC < 90%
一般	90% ≤ DC < 99%
高	99% ≤ DC

类别的设计和实现

（1）类别 B

为了实现类别 B，控制器的安全相关部件必须符合以下要求，此外，还必须根据这些要求完成这些部件的结构设计、选择和组合使用。

1）满足基本安全原则；

2）可以在预期的操作要求下持续地工作。这些要求包括组件的开关容量或操作频率；

3）必须可以抵抗需要加工的材料和环境条件（例如油、清洁剂、盐雾等）产生的影响作用；

4）必须可以抵抗其他相关外部因素（包括机械震动、电磁干扰、供电中断或电源故障等）的影响作用。

对于类别 B 的系统，各个通道的平均危险故障时间（MTTFd）可以是从低至高。这类系统没有诊断覆盖率的要求（平均诊断覆盖率 = 无）。其结构通常是单通道的，由于与 CCF 无关，该安全类别不考虑 CCF。类别 B 的系统可以达到的最高性能等级为 PL = b。单通道设计意味着单个故障即可导致安全功能的丧失。

上述类别 B 的结构的示例：

1）I1：传感器 1（例如，行程开关）；

2）L1：逻辑单元 1（例如，安全继电器）；

3）O1：执行器 1（例如，接触器）。

结构特点：单通道设计（见图 3-11）。

图 3-11　类别 B 的结构示例

（2）类别 1

为了实现类别 1，必须满足类别 B 的全部要求。此外还必须满足以下要求：

控制器的安全相关部件必须采用经过现场验证的组件，此外还必须严格遵守经过现场验证的安全原则（见 ISO 13849-2）。

在类别 1 的系统中，各个通道的 MTTFd 必须为高。

其可以实现的最高性能等级为 PL = c。

上述类别 1 的结构的示例：

1）I1：传感器 1（例如行程开关）；

2）L1：逻辑单元 1（例如安全继电器）；

3）O1：执行器 1（例如接触器）。

结构特点：

1）单通道设计（见 3-12）；

2）采用经过现场验证的组件。

图 3-12　类别 1 的结构示例

（3）类别 2

为了实现类别 2，必须满足类别 B 的全部要求；必须严格遵守经过现场验证的安全原则；此外还必须满足以下要求：

类别 2 系统的控制器的安全相关部件，必须通过机器的控制器在合适的间隔时间进行测试。对于安全功能的测试，机器的控制器必须在以下条件下完成：

1）机器起动期间；

2）各种危险状态出现之前，例如新的机器循环开始时，或者其他动作开始，等。

测试结果：

1）检测到某个故障时，必须产生合适的故障响应；

2）检测到某个故障时，运行必须被禁止。

无论什么情况下，故障响应都必须使机器进入某种安全状态。故障排除之后，机器才可以继续正常运行。若无法进入安全状态（例如触头出现粘接），则必须给出危险警告信息。

对于类别 2 的系统，各个通道的 MTTFd 为从低至高，具体视所要求的 PLr 而定。控制系统的安全相关部件的诊断覆盖率必须达到从低至平均水平。与些同时，还必须采取相应的 CCF 措施（见标准 ISO 13849-1 附录 F）。

此外，测试本身不得导致任何其他危险。测试设备可以是控制系统的某个安全相关部件，也可以是单独实现测试功能的设备。

类别 2 的系统可以达到的最高性能等级为 PL = d。

　　注：类别 2 的系统是单通道被测系统，标准 ISO 13849-1 中的简单流程对其进行了定义：出现危险性故障的情况下，只有在下一个安全功能要求出现之前进行故障检测测试，才能获得有效的（或者说，有意义的）故障检测结果。因此，要求的测试速度必须比安全功能的要求速度快 100 倍。

上述类别 2 的结构示例：

1）I1：传感器 1（例如行程开关）；

2）L1：逻辑单元 1（例如安全继电器）；

3）O1：执行器 1（例如接触器）；

4）TE：测试设备

结构特点：

1）单通道结构设计（见图 3-13）；

2）采用测试设备进行监控。

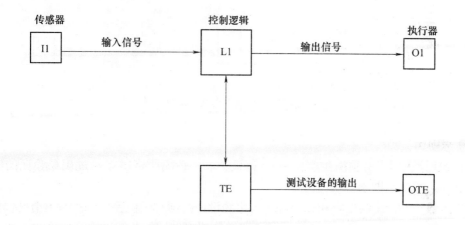

图 3-13　类别 2 的结构示例

（4）类别 3

为了实现类别 3，必须满足类别 B 的全部要求；必须严格遵守经过现场验证的安全原则；此外还必须满足以下要求：

类别 3 的控制系统的安全相关部件所采用的设计必须可以确保单一故障不会导致安全功能的丧失。无论在什么情况下，必须在下一个安全功能要求执行时（或之前）完成单一故障的检测。

对于类别 3 的系统，各个冗余通道的 MTTFd 为从低至高，具体视所要求的 PLr 而定。控制系统的安全相关部件的诊断覆盖率必须达到从低至平均水平。与些同时，还必须采取相应的 CCF 措施（见标准 ISO 13849-1 附录 F）。

上述类别 3 的结构的示例：

1）I1 和 I2：传感器 1 和 2（例如两个带有强制断开触头的行程开关）；

2）L1 和 L2：逻辑单元 1 和 2（例如已经集成了两个微处理器的某种型号的安全继电

器）；

3）O1 和 O2：执行器 1 和 2（例如两个带有强制断开触头的接触器）。

结构特点：

1）采用冗余结构设计（见图 3-14）；

2）传感器监控（同步输入监控）；

3）使能回路（即安全输出回路）监控（监控和反馈回路的比较）。

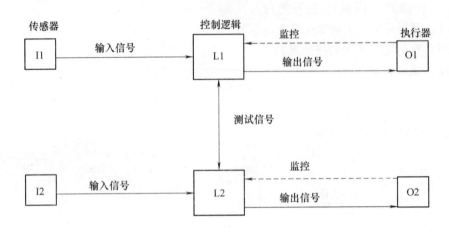

图 3-14　类别 3 的结构示例

（5）类别 4

为了实现类别 4，必须满足类别 B 的全部要求；必须严格遵守经过现场验证的安全原则；此外还必须满足以下要求：

类别 4 的控制系统的安全相关部件所采用的设计必须可以确保单一故障不会导致安全功能的丧失。必须在下一个安全功能要求执行时（或之前）完成单一故障的检测。如果无法检测某种故障，则这类故障的累积不得导致安全功能的丧失。

在类别 4 的系统中，各个冗余通道的 MTTFd 必须为高。控制系统的安全相关部件的诊断覆盖率必须为高。与些同时，还必须采取相应的 CCF 措施（见标准 ISO 13849-1 附录 F）。

上述类别 4 的结构示例：

1）I1 和 I2：传感器 1 和 2（例如两个带有强制断开触头的行程开关）；

2）L1 和 L2：逻辑单元 1 和 2（例如已经集成了两个微处理器的某种型号的安全继电器）；

3）O1 和 O2：执行器 1 和 2（例如两个带有强制断开触头的接触器）。

结构特点：

1）采用冗余结构设计（见图 3-15）；

2）传感器监控（同步输入监控）；

3）使能回路（即安全输出回路）监控（监控和反馈回路的比较）；

4）所有子系统都具备高诊断覆盖率。

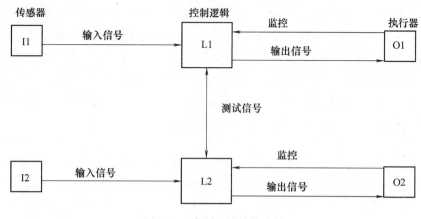

图 3-15　类别 4 的结构示例

3.2　安全控制系统简介

3.2.1　安全控制系统

1. 何谓"安全"?

"安全"的话题,从广义的角度来说,可能涉及社会系统工程(Social System Engineering, SSE)的范畴,可以涵盖任何社会主体的所有的安全领域,诸如:经济安全(物质文明)、文化安全(精神文明)、政治安全(政治文明,包括军事)、环境安全(生态文明)、人本安全(人本文明)等。

其中,安全控制系统工程是 20 世纪 60 年代迅速发展起来的一门新兴工程学科,它是以系统工程的方法研究、解决生产过程中安全问题的工程技术。安全控制系统工程用来识别、分析和消除系统潜在的危险,使系统的风险减少到可接受水平。它在保证工业生产和产品安全方面显现了巨大的效果。在国外,安全控制系统工程得到了广泛的应用,成为工业生产中必须采用的安全技术。在国内,随着我国加入 WTO 走向世界,安全控制系统工程的建设受到极大地重视,从安全控制系统工程的教育、研究到工程实践都得到长足的发展。作为从事安全技术或管理工作的安全工程师,必须具备安全控制系统工程的知识,掌握安全控制系统工程的分析方法。

什么是安全呢?在我们的日常生活和工作中,处处可以见到安全。在游乐场、观光缆车、地铁屏蔽门、电梯等应用场合,我们都可以见到安全。而在工业生产领域,评估一台机器或设备的优劣,不单单要看其功能有多强大,其安全性也是品评机器优劣的一大重要因素。

由于"安全"定义的只是一种状态,也就是说,是将风险通过适当的方式降低至可以接受的水平或程度。根据这个定义,安全主要涉及的是人、机器以及环境。

我们再来说说"安全控制系统"是怎么回事。安全控制系统是由与生产安全问题有关的相互联系、相互作用、相互制约的若干个因素结合成的、具有特定功能的有机整体。在工业企业里,人——机系统、安全技术、职业卫生和安全管理构成了一个安全控制系统。它除了具有一般系统的特点外,还有自己的结构特点。第一,它是以人为中心的人机匹配、有反馈过程的系统;因此,在安全模式中要充分考虑人与机器的互相协调;第二,安全事故(系统的不安全状态)的发生具有随机性:首先是事故的发生与否呈现出不确定性;其次是事故发生后将造成什么样的后果，事先不可能确切得知；第三，事故识别的模糊性：安全控制系统中存在一些无法进行定量描述的因素，因此对安全控制系统状态的描述无法达到明确的量化。安全控制系统的活动要根据以上这些特点来开展研究工作，寻求处理安全问题的有效方法。安全控制系统的目的则是将应用环境中的人员和机器风险降至一个可接受的水平。因此，首先要识别应用环境中的风险。为了对具体应用进行可靠评估，必须分析机器或设备的每一具体功能是否存在潜在的危险性。

2. 何谓"安全功能"？

一个"安全功能"描述的是机器设备对某个特定事件的反应。例如，打开防护门时或者是紧急停止按钮被按下时，设备的运行状态是否发生改变？

"安全功能"是由安全控制系统执行的。

3. 电气安全控制的方式

用普通继电器或者可编程序逻辑控制器（PLC）搭建的、具有自锁和互锁功能的双回路线路。这是最原始的安全控制方式，能达到较低的安全等级。其优点是成本低廉。但是对于较大的系统，采用大量的继电器连接、繁琐的配线带来了较高的故障率，诊断也困难。

使用安全继电器搭建的安全回路，可以用于控制单一或数量较少的安全功能。主要适用于单机或简单的自动化生产线等小型的安全控制系统。其安全输出通常有继电器触头式输出或电子式输出。无论何种形式的输出结构，都能够保证至少两个通道进行输出的控制。由于采用了冗余的设计结构，这样可以在一个输出通道出现故障的情况下，另外一个通道依然能够保证安全继电器的安全功能的实现，并且及时检测出故障通道。这种控制方式的成本适中。但如果安全的元器件太多，会导致线路设计会比较复杂，不适于大型生产线。

使用安全可编程序逻辑控制器（F-PLC），甚至安全总线系统，适用于大型、离散式的安全控制系统。其原理是在现有工业现场总线的基础上，采用了一系列的时间检测、地址检测、连接检测和 CRC 冗余校验等措施，达到较高的安全等级。安全 PLC 是上世纪末出现的产品，优点是可编程序性能强大，使用安全总线能实现较高要求的安全控制，但成本较高。

使用可编程序的模块化安全控制系统进行安全控制。模块化安全控制系统是近年推出的安全控制模块类产品，介于安全继电器和安全 PLC 之间，即具有一定的可编程能力和可扩展性，同时价格却不是很高。模块化安全控制系统是一个多功能、可自由配置的模块化的安全控制模块。与其他普通安全继电器不同，可编程序安全继电器的安全电路可在个人计算机上使用图形配置工具轻松生成。通过 RS232 接口可以直接向安全控制模块中写入程序。

4. 安全控制系统

安全控制系统（见图 3-16）通常包括三个子系统：检测装置、评估单元和执行装置。

（1）检测装置

1）通常也可以统称为安全传感器，包括急停按钮、安全门锁、安全光栅、安全光幕、激光扫描器、拉绳开关、脚踏开关、安全地毯、双手操作控制装置、安全触边等；

2）主要用于监测机器设备的实际状态，例如监测急停按钮是否被按下或安全地毯是否被踩踏等，并传递相应的信号；

3）输出的信号类型可以是继电器触点式（如急停按钮、安全门开关等），也可以是电子式（如安全光栅/光幕、激光扫描器等）。

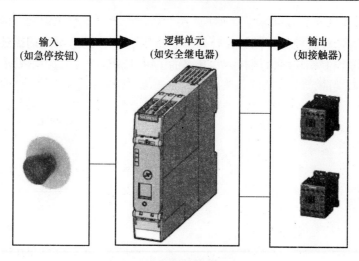

图 3-16　安全控制系统示例

（2）评估单元

1）安全控制系统的"核心"部分——"逻辑"子系统；

2）用于监测输入信号（安全传感器）的状态变化；

3）根据预先设计的逻辑关系，将逻辑结果输出给执行装置，并监测执行装置的正确运行；

4）根据故障检测，启动反应动作；

5）检测安全要求，启动安全反应（如设备起动回路的断开）；

6）如果有故障发生，具备防止设备重起的功能；

7）符合标准 EN ISO 60204-1 的要求；

8）获得相关机构的安全认证，如 CE、UL 等。

（3）执行装置

1）执行装置的作用主要是为了隔离危险；

2）通常需要设计反馈回路，用于评估装置对执行装置的实际动作进行监控。

3.2.2　安全控制模块

1. 安全控制模块的定义

在标准 IEC 60204-1《机械安全 机械电气设备 第 1 部分：通用技术条件》的第 9 章中，对于故障情况下的控制功能有了明确的定义，即"一般要求电气设备中的故障或干扰会引起危险情况或损坏机械和加工件时，应采取适当措施以减少这些危险的可能性。所需的措施及其实现，无论单独或结合使用，均依赖于有关应用的风险评价等级"，并且规定了在故障情况下降低风险的措施，包括：

1）采用成熟的电路技术和元件；

2）采用冗余技术；

3）采用相异技术；

4）功能测试。

因此，各个生产厂商提供的安全继电器产品尽管各具特色，但其符合的安全标准的要求是一致的。

　　通常，安全控制模块根据不同的设计特点，适用的场合也是不同的。如图 3-17 例中可以让我们对于安全控制模块的应用有一些基本的了解。通常产品的选型依据是与实际应用的安全功能的数量有关的。

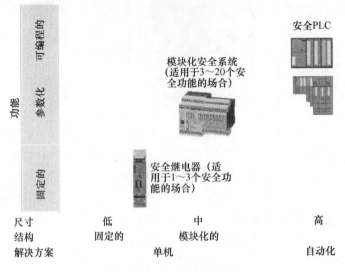

图 3-17　安全控制模块的比较

　　注：在实际应用中，采用何种安全控制模块，取决于应用场合的安全技术要求的复杂程度，也就是说与"安全功能"数量的多少、逻辑复杂还是不复杂，以及"安全功能"在现场的分布情况有关，而与达到的安全等级无关。换句话说，安全继电器、可编程序的模块化安全控制系统，以及安全 PLC，最高可以达到的安全等级是一样的。

2. 安全继电器

（1）继电器的作用

　　继电器是一种电子控制器件，它包括控制系统（又称输入回路）和被控制系统（又称输出回路），通常应用于自动控制电路中，它实际上是用较小的电流去控制较大电流的一种"自动开关"。故在电路中起着自动调节、安全保护、转换电路等作用。继电器通常分为电磁继电器、干簧管继电器、固态继电器（半导体继电器）等。

　　1）电磁继电器的工作原理和特性

　　电磁式继电器一般由铁心、线圈、动铁心（衔铁）、触点簧片等组成的。只要在线圈两端施加一定的电压，线圈中就会流过一定的电流，从而产生电磁效应，动铁心就会在电磁力吸引的作用下克服弹簧的拉力靠近铁心，从而带动动铁心的动触头与静触头（常开触头，也称动合触头）吸合。当线圈断电后，电磁的磁性也随之消失，动铁心就会在弹簧的反作用力返回原来的位置，使动触头与原来的静触头（常闭触头，也称动断触头）吸合。这样的吸合、释放的动作，从而达到了电路的导通、切断的目的。对于继电器的"常开、常闭"触头，可以这样来区分：继电器线圈未通电时处于断开状态的静触头，称为"常开触头"；处于接通状态的静触头称为"常闭触头"。

　　2）固态继电器（SSR）的工作原理和特性

　　固态继电器是一种两个接线端为输入端，另两个接线端为输出端的四端器件，中间采用隔离器件实现输入输出的电隔离。

　　（2）安全继电器的作用

　　在有安全要求的机器设备中，普通的继电器或者可编程序逻辑控制器（PLC）被广泛地用作控制模块，对机器设备进行监控，使机器设备按照预先的设计执行工艺动作，例如实现物料的加工、处理、包装、搬运等。从表面看来，这样的设备在一定条件下也能够保证安全性。但是，当普通的继电器或者可编程序逻辑控制器（PLC）由于自身缺陷或外界原因导致功能失效时（如触头熔焊、电气短路、处理器紊乱等故障），就会丧失安全保护功能，从而引发事故。

　　而对于安全控制模块，由于其采用冗余、多样的结构，加之以自我检测和监控、可靠电气元件、反馈回路等安全措施，保证在本身缺陷或外部故障的情况下，依然能够保证安全功能，并且可以及时地将故障检测出来。从而在最大程度上保证了整个安全控制系统的正常运行，保护了人员和设备的安全。最典型的安全控制模块就是安全继电器。在图 3-18 中显示了安全继电器最基本的一些技术特点。

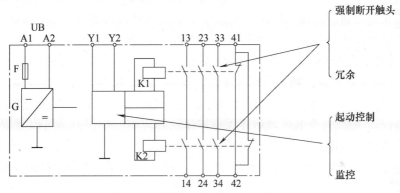

图 3-18　安全继电器的内部结构示意图

　　安全继电器通常是由数个继电器与电路组合而成，为的是要能互补彼此的异常缺陷，确保正确地动作，且尽可能降低误动作的概率。其失误和失效值愈低，安全性愈高，因此需要设计出多种安全继电器，来预防不同类型的机械设备可能出现的危险动作，以及保护暴露于不同危险之中的操作人员。

　　（3）安全继电器的工作原理

　　下面就以常见的"3-继电器"结构来说明安全继电器的工作原理。如图 3-19 所示。我们来简单分析一下安全继电器是如何工作的？通常，紧急停止按钮 S0 采用常闭触头结构，即未被触发时，通常处于抬起（导通）状态。如果此时按下复位按钮 S1，具有延时断开功能的线圈 K1 得电，K1 的主触头闭合，由此导致线圈 K2、K3 得电。松开复位按钮 S1 后，线圈 K1 延时失电并导致其主触头 K1 断开后，电路的自锁功能设计使得线圈 K2、K3 仍然保持得电状态，因此 K2、K3 主触头保持闭合状态。此时由于线圈 K1 已经失电，辅助触头 K1 处于闭合状态，由此安全继电器始终保持输出状态。随后操作人员可以对于机器设备进行正常的起动和停止的操作。

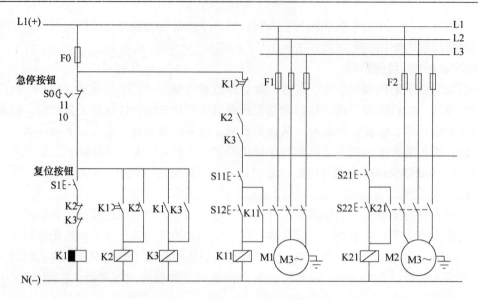

图 3-19 　"3-继电器"结构示意图一

同理，如果是双通道的输入形式，则需要对电路结构做些调整。如图 3-20 所示，此时的急停按钮的触头模块设计为两个常闭触头。如果此时按下复位按钮 S1，具有延时断开功能的线圈 K1 得电，K1 的主触头闭合，由此导致线圈 K2、K3 得电。松开复位按钮 S1 后，线圈 K1 延时失电并导致其主触头 K1 断开后，电路的自锁功能设计使得线圈 K2、K3 仍然保持得电状态，因此 K2、K3 主触头保持闭合状态。此时由于线圈 K1 已经失电，辅助触头 K1 处于闭合状态，由此安全继电器始终保持输出状态。随后操作人员可以对于机器设备进行正常的起动和停止的操作。

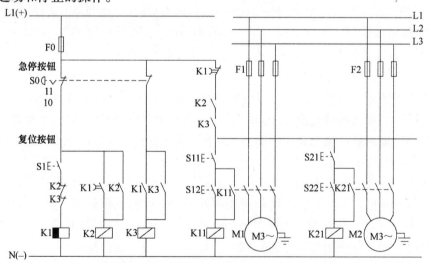

图 3-20 　"3-继电器"结构示意图二

（4）西门子的 SIRIUS 3SK1 安全继电器

现在越来越的新技术应用在安全继电器产品中，比如微处理器技术等。西门子公司在 2013 年发布的，并且赢得了汉诺威国际设计论坛 IF 产品设计大奖的 SIRIUS 3SK1 新型安全继电器就属于这类产品，如图 3-21 所示。

这款产品以更小的空间实现了更多功能体现了集成性，简洁的产品系列设计给客户的选型、系统设计带来了方便，同时继承了西门子继电器传统的模块化的特点，即降低了成本，又支撑了系统架构自由拼接的灵活性，可以说集中体现了西门子安全产品的优势。

图 3-21　SIRIUS 3SK1 安全继电器

3SK1 标准型系统的典型配置如图 3-22 所示。

3SK1 增强型系统的典型配置如图 3-23 所示。

更多产品和技术的信息，详见：www. siemens. com/safety-relays。

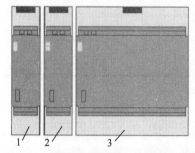

图 3-22　3SK1 标准型系统的典型配置
1—3SK1 标准型基本装置　2—输出扩展模块 3SK1211
3—输出扩展模块 3SK1213

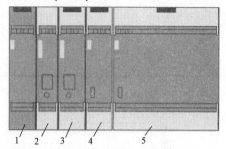

图 3-23　3SK1 增强型系统的典型配置
1—电源模块 3SK1230　2—输入扩展模块 3SK1220
3—3SK1 增强型基本装置　4—输出扩展模块 3SK1211
5—输出扩展模块 3SK1213

3. 可编程序的模块化安全控制系统

（1）模块化安全控制系统的硬件架构

通常用户在设计和搭建安全控制回路的同时，需要考虑经济因素，即成本问题。那么提供一种成本相对低廉的、性价比较好的、简单的安全解决方案，在满足比较复杂的安全技术要求的同时，也能够符合 IEC 62061 的 SIL，以及 ISO 13849-1 的 PL 的要求，这样的问题摆在了安全产品生产厂商的面前。

模块化安全控制系统应运而生。采用灵活的、模块化的方案，利用专用的工程组态软件，以及采用经过安全认证的专用功能块的要求将可以满足上述用户的安全要求。

模块化安全控制系统除了必须配置用于安全组态的基本单元之外，通常还根据实际应用的需要，对于输入/输出点进行扩展，这包括了安全的输入/输出扩展，也包括了标准的输入/输出扩展。此外，如果需要与上位机等设备进行通信，则需要配置接口模块；如果需要操作人员在现场进行诊断，还需要考虑配置用于现场诊断的文本诊断器这样的装置（见图 3-24）。

不同功能的模块之间，通常需要加装用于信号及电源供给的总线装置，如扁平电缆等。

（2）模块化安全控制系统的软件架构

模块化安全控制系统通常需要与专用的工程组态软件配合使用。这类软件通过操作人员对于参数进行简单、快速地赋值，从而取代了繁琐的布线（见图 3-25）。

工程组态软件一般是以图形化的编程语言为主。组态后的应用软件在下载到硬件系统的同时，完成编译工作。

宏文件的使用，使得用户的组态工作更加的灵活和高效。它允许用户编译库文件中的自定义的功能块，并可以将其重复应用于其他项目中。

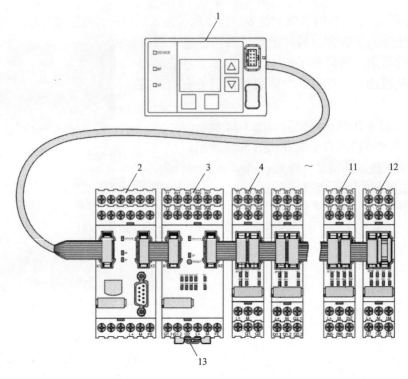

图 3-24　模块化安全控制系统结构示意图

1—文本诊断器　2—接口模块　3—基本单元　4～12—扩展模块（包括安全的输入/
输出扩展模块和标准的输入/输出扩展模块）　13—存储模块

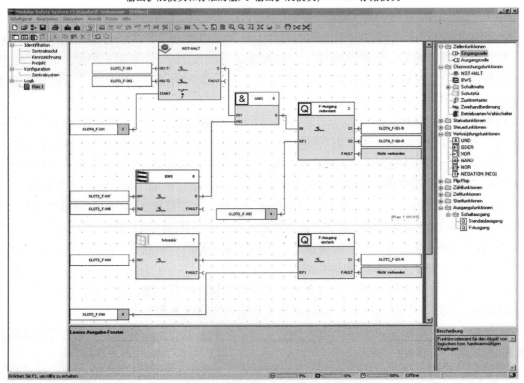

图 3-25　模块化安全控制系统软件组态

工程组态软件通常具备在线监控的功能。通过在线监控每个功能块的状态，为用户提供了一个可靠的诊断方法。

（3）模块化安全控制系统的功能块

专用的工程组态软件通常会提供大量的已经过认证的专用功能块，如用于急停功能监控的"急停功能块"，用于安全光栅状态监控的"ESPE 监控功能块"，用于操作模式转换监控的"操作模式选择功能块"等。除了提供大量的专用于安全应用的功能块，通常这类组态软件还会提供很多用于标准信号传递的功能块，如"标准输出"功能块等（见图 3-26）。

同时，工程组态软件还提供了大量的，诸如"与"、"或"、"非"、"异或"、"计时"、"计数"、"置位复位"、"时钟"等大量的专用功能块，使得用户可以更加灵活地开发应用程序。

描述	符号
紧急停止	
安全地毯	
防护门监控	
确认按钮	
双手操作	
ESPE监控	
操作模式选择	

图 3-26　功能块示例

3.2.3　安全控制系统与普通控制系统的差异

安全控制系统与普通控制系统之间的差异，我们可以从下面四个方面进行说明：

（1）安全控制系统和普通控制系统属于两个完全不同的概念

采用了普通的继电器或者可编程序逻辑控制器（PLC）的电气控制回路主要是根据工作任务的目的（如需要对于物料进行加工、处理、包装和搬运等）而设计，完成机器预定的工艺动作。电控回路通常分为主回路和控制回路。

我们知道，在工业现场，机器在工作过程中（即在完成预定的工艺动作的同时），可能因为发生了意想不到的事件，从而对于人员健康、设备运行，甚至环境造成潜在的威胁，为了避免人员的二次伤害或者是避免事故影响的扩大化，需要在设计阶段，根据可能发生的危险事件预先考虑应急预案，以避免或减少危险的事件的发生。

因此根据标准"ISO 13849 机械安全 安全相关的控制部件 第 1 部分：设计通则"，明确规定，安全控制回路是分不同等级的。也就是说，安全等级较低的控制回路仅是满足控制功能而设计，而只有较高等级的控制回路，或称之为安全控制回路，才可能满足较高的安全技术要求。

（2）控制系统用来保持设备在各种外部条件下能够在正常的限定范围内运行

为了实现自动控制的基本任务，必须对系统在控制过程中表现出来的行为提出要求。对控制系统的基本要求，通常是通过系统对特定输入信号的响应来满足。例如，假设有一个汽车的驱动系统，汽车的速度是其加速器位置的函数。通过控制加速器踏板的压力，可以保持所希望的速度（或可以达到所希望的速度变化）。这个汽车驱动系统（加速器、汽化器和发动机）便组成了一个控制系统。

按照控制原理的不同，控制系统分为开环控制系统和闭环控制系统。

狭义理解的控制系统，通常包括了三个基本的要素，即用于检测传感器信号的输入部分，用于逻辑运算的控制部分（逻辑单元），以及用于驱动执行机构动作的输出部分。

（3）安全控制系统是为确保设备在出现故障时，仍处于安全状态的系统

我们知道，"人的不安全行为"（如违章、违规操作）、"物的不安全状态"（如控制器

件失效、机器误动作等）和"环境因素"是导致事故发生的三个主要因素。当然，我们可以通过聘用合格的、有资质的员工，加强对于员工的培训，建立完善的、安全的生产流程来减少"物的不安全状态"，但我们如何来避免"物的不安全状态"呢？从这个角度来考虑问题，那么我们必须提供一种高度可靠的安全保护手段，最大限度地避免机器的不安全状态、保护生产装置和人身安全，防止恶性事故的发生、减少损失。这种手段就是安全控制系统。

安全控制系统在开车、停车、出现工艺扰动以及正常维护操作期间对生产装置提供安全保护。一旦当机械装置本身出现危险，或由于人为原因而导致危险时，系统立即做出反应并输出正确信号，使装置安全停车，以阻止危险事件的发生或事故的扩散。

所以，安全控制系统的作用是达到并保持安全功能的安全状态。

（4）普通控制系统的功能应服从于安全控制系统的要求

我们从下面的示例中可以看到，控制对象是由安全输出和标准输出共同控制的（见图3-27）。也就是说，标准输出的结果对于被控制的对象而言，只是一个环节；而另一个环节则是由安全控制系统的输出来控制的。所以，两个输出的"与"逻辑结果，作用于控制对象。

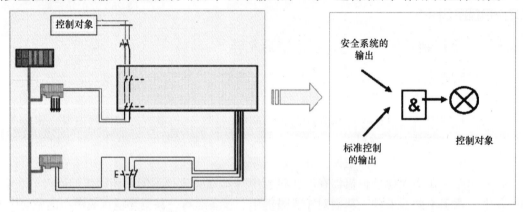

图3-27　安全控制系统与普通控制系统的关系

我们现在讨论的安全环节，就是安全控制系统。

就控制系统的作用而言，安全控制系统无法独立存在，而必须依附于普通控制系统。也即是说，安全控制系统是由于普通控制系统在完成设计的工艺过程中，为了避免或者是减少危险的发生而设计的。

但是这里有一点需要注意，即安全控制系统的优先级会高于普通控制系统。即出现危险情况时，安全控制系统首先在确保不失效的情况下，可靠而安全地切断安全控制回路，或者说，针对工业现场的机器设备，"停止运行"无疑是一种"相对安全"的状态，但是"停止运行"的状态并不一定适用于所有领域的所有机器设备。

3.3　典型安全控制技术

3.3.1　强制断开结构

1. 带有强制断开结构的继电器

（1）安全要求

带有强制断开触头结构的继电器被应用于有安全要求的场合。这些继电器允许自监测系统的执行。一个带有强制断开触头结构的继电器包括至少一个常开（NO）触头和一个常闭（NC）触头，并且符合欧洲标准 EN 50205。

EN 50205：2002 对于带有强制断开结构（机械连接）的触头，有明确规定：触头的断开和闭合在继电器整个工作期间一定不会同时进行。假使出现了故障，触头的间隙也必须至少保证 0.5mm。另外，绝缘值是主要

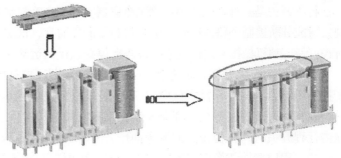

图 3-28 强制断开结构继电器的结构示意图

的，可以达到较高的标准；带强制断开触头结构的继电器的污染程度为 2 是被定义的。触头装配的弹簧和继电器内的其他操作部件也必须被确认没有短路或操作连接，否则会导致某些部件频繁断开和闭合。

（2）强制断开结构的继电器的结构组成（见图 3-28）

（3）强制断开结构的电气符号（见图 3-29）

（4）非/强制断开结构的继电器的工作状态的比较（见表 3-5）

图 3-29 强制断开结构的电气符号

表 3-5 非/强制断开结构的继电器的工作状态的比较

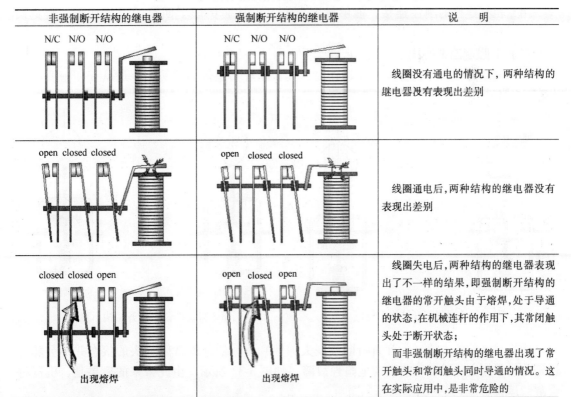

非强制断开结构的继电器	强制断开结构的继电器	说　明
N/C　N/O　N/O	N/C　N/O　N/O	线圈没有通电的情况下，两种结构的继电器没有表现出差别
open closed closed	open　closed　closed	线圈通电后，两种结构的继电器没有表现出差别
closed closed open　出现熔焊	open　closed　open　出现熔焊	线圈失电后，两种结构的继电器表现出了不一样的结果，即强制断开结构的继电器的常开触头由于熔焊，处于导通的状态，在机械连杆的作用下，其常闭触头处于断开状态； 而非强制断开结构的继电器出现了常开触头和常闭触头同时导通的情况。这在实际应用中，是非常危险的

注：open—断开；closed—闭合。

2. 带有强制断开结构的行程开关

（1）行程开关的背景知识

行程开关是一种常用的小电流主令电器。利用生产机械运动部件的碰撞使其触头动作来实现接通或分断控制电路，达到一定的控制目的。通常，这类开关被用来限制机械运动的位置或行程，使运动机械按一定位置或行程自动停止、反向运动、变速运动或自动往返运动等。

在电气控制系统中，位置开关的作用是实现顺序控制、定位控制和位置状态的检测。用于控制机械设备的行程及限位保护。构造：由操作头、触头系统和外壳组成。

在实际生产中，将行程开关安装在预先安排的位置，当装于生产机械运动部件上的模块撞击行程开关时，行程开关的触头动作，实现电路的切换。因此，行程开关是一种根据运动部件的行程位置而切换电路的电器，它的作用原理与按钮类似。

行程开关广泛用于各类机床和起重机械，用以控制其行程、进行终端限位保护。在电梯的控制电路中，还利用行程开关来控制开关轿门的速度，自动开关门的限位，轿厢的上、下限位保护。

行程开关可以安装在相对静止的物体（如固定架、门框等，简称静物）上或者运动的物体（如行车、门等，简称动物）上。当动物接近静物时，开关的连杆驱动开关的触头引起闭合的触头分断或者断开的触头闭合。由开关触头开、合状态的改变去控制电路和机构的动作。

（2）安全要求

如图 3-30 所示，行程开关本体内的常闭触头随着操动头的动作（如从水平位置转到垂直位置）而发生状态改变（如从闭合状态转为断开状态）。

由于机械连杆的刚性连接，能够被强制断开，从而保证了回路的可靠切断，避免误动作。

（3）非强制断开模式

非强制断开模式下，行程开关动作时，其常闭触头是依靠弹簧的释放从而使触头断开（见图 3-31）。

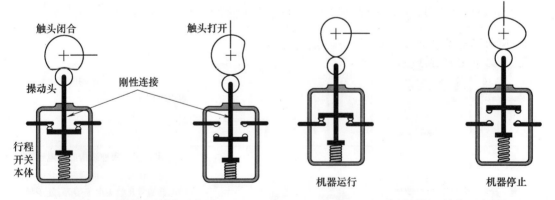

图 3-30　强制断开结构示意图　　　　　　图 3-31　非强制断开结构示意图

而当某些部件失效（如弹簧折断或丧失弹性）时，器件的常闭触头的状态并不会随着连杆的动作而变化。即可能出现危险性故障，如图 3-32 所示，由此带来的后果是，机器将会继续运行。

（4）强制断开模式

强制断开模式下，行程开关动作时，其常闭触头是依靠机械连杆的移动，从而使触头断开（见图3-33）。

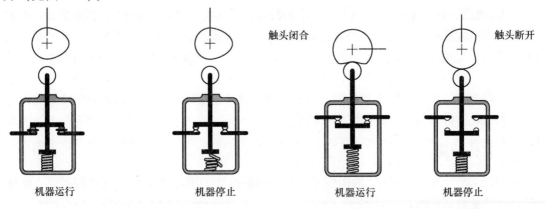

图 3-32　非强制断开结构示意图　　　　图 3-33　强制断开结构示意图

3.3.2　冗余/单通道/双通道

1. 冗余

"冗余"是指对于同一功能，重复配置多个部件，当一个部件发生故障时，冗余配置的其他部件即介入，并承担故障部件的工作。

由此可减少系统的故障时间。对于安全等级 SILCL 3（IEC 62061）、SIL 3（IEC 61508）和 PL e（Cat. 4）（ISO 13849-1）（某些情况下为 SIL 2/PL d）等应用，均需要系统冗余配置。

最简单的冗余方式为双通道冗余。

当一个回路故障时，也能确保安全保护功能。

对于冗余系统配置，用于检测和反应的子系统也必须是双通道冗余配置。

> 注：通常安全保护产品（符合安全等级 SILCL 3（IEC 62061）、SIL 3（IEC 61508）和 PL e（Cat. 4）（DIN EN ISO 13849-1））的内部逻辑和输出回路均为冗余配置。

2. 单通道传感器连接（见图3-34）
3. 双通道传感器连接（见图3-35）

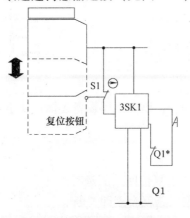

图 3-34　单通道传感器连接

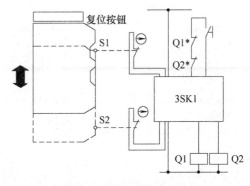

图 3-35　双通道传感器连接

＊—强制断开触头

3.3.3　交叉电路检测

"交叉电路检测"是安全继电器的一个诊断功能，可在进行双通道检测或读取时，检测输入通道间的短路和电路交叉。例如，若电缆套管压扁或压烂，就会造成电路交叉。对于无交叉电路检测功能的装置来说，即使只有一个常闭触头故障，双通道急停回路也不会跳闸。

对于安全评估单元而言，会根据具有不同时钟脉冲的信号，在传感器回路中检测交叉电路。如果发现时钟信号重叠，则证明出现交叉回路。

3.3.4　复位回路

"复位回路"用于提供安全输出信号。复位回路通常采用常开触头（就功能而言，能够安全分断总是最重要的）。

复位回路内部冗余配置的安全继电器可实现安全等级 SIL 3 / PL e。

> 注：使能安全电流通路也可用于发送信号。

通常安全继电器仅配有具有常开触头功能的复位回路。当触发安全功能时，或检测到故障时，复位回路总能转为安全状态（常开触头断开）。

3.3.5　信号回路

"电流信号回路"也可提供安全输出信号。信号回路既可采用常开触头，也可采用常闭触头。

通常安全继电器，信号回路采用的是常闭触头回路。当触发安全功能时，或检测到故障时，信号回路总是处于闭合状态。

3.3.6　反馈回路

"反馈回路"用于监控受控执行器（如继电器或接触器），采用正向驱动触头或镜像触头。只有在反馈回路闭合时，才能激活复位回路。

3.3.7　停止类别

停止类别 0：

停止不受控制；通过立即切断供给机器设备的电源，来实现停止。

停止类别 1：

停止受控制；供给机器设备执行机构的电源一直保持，以使机器设备逐渐停止下来。只有当机器设备完全停止后电源才被切断。

> 注：
> 1. 无论是何种运行状态，都不能实现停止类别 1 下复位回路的延时断开。
> 2. 当某些内部器件故障时，断开电源，这些复位回路就会立即关断。

3.3.8　自动复位/手动复位/可监控的复位

1. 自动复位

"自动复位"是指只要满足开启条件，并对安全继电器进行了正向测试，装置无需手动确认即可起动，该功能也称为"动态运行"，但不适用于紧急停止装置。如果不会造成任何风险的话，用于危险区域的安全装置（如位置开关、光栅、安全关机垫）都可使用自动复位功能。

> 注：对于紧急停止装置，不能使用自动复位功能。

2. 手动复位

"手动复位"是指只要满足开启条件，并对安全继电器进行了正向测试，即可通过按动复位按钮来起动装置。手动复位时，不会监控复位按钮是否正确运行。只要是在复位按钮的上升沿即可复位，如图 3-36 所示。

> 注：对于紧急停止装置，不能使用手动复位功能。

3. 监控复位

"监控复位"是指只要满足开启条件，并对安全继电器进行了正向测试，即可通过按动复位按钮来起动装置，如图 3-37 所示。

与"手动复位"功能相比，监控复位需要评估复位按钮的信号变化。装置使用复位按钮作为复位信号。对于安全等级 PL e（ISO 13849-1）和 SIL 3（IEC 62061），在紧急停止时，必须使用监控复位。对于其他安全传感器或安全功能，可根据危险评估来确定是否使用监控复位。

图 3-36　"手动复位"功能　　　　　　图 3-37　"监控复位"功能

3.3.9　双手操作/同步

同步传感器操作是一种特殊形式的传感器同时操作。

传感器的触头 1 和 2 必须在 0.5s 内同时闭合，而不能是在不同的时间闭合。

例如，对于压机的同步操作，就必须使用传感器同步功能，以确保压机仅在双手同时操作传感器时才动作，从而避免单手操作风险。

3.3.10　级联

使用"级联"功能，可实现串联的安全继电器的脱扣。

几个安全功能可以"逻辑"地连接到一个共用的关断通路。如图 3-38 所示，急停按钮和安全门开关都可以通过接触器控制电动机的起动和停止，这是最简单的"级联"应用。并且通过搭建几个起动回路，可以选择性地关断驱动部件——电动机。

因为是按从最后一个安全继电器开始到第一个安全继电器结束的顺序搭建的级联回路。因此，分析上面的示例，连接急停按钮的安全继电器的输出（即"逻辑结果"）和连接安全门开关的安全继电器的输入实现了"与"逻辑，因此急停按钮和安全门开关都可以控制接触器控制的这台电动机的起动和停止。安全门开关的打开和闭合的状态仅仅能够影响这台电动机的起停，但是无法对急停按钮连接的安全继电器所控制的装置（也可能是另一台电动机）产生影响。

在单通道配置的控制柜中可以采用级联功能的设计方式。由于控制柜内的电缆敷设可以防止短路和 P 电位短路，通过级联可以实现安全等级 SIL 3/PL e（故障的排除方法，符合标准 ISO 13849-2）。

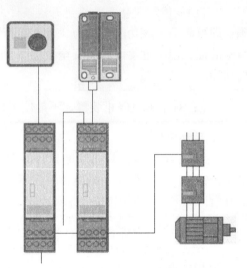

图 3-38 "级联"功能

3.3.11　复位测试

在电源电压恢复后，安全继电器可以启用之前，必须再打开并关闭一次传感器或保护设备。

通过复位测试，可保证传感器中的任何错误都能再次检测出来。

包括未经授权的保护设备操作。

操作人员可确定是否进行复位测试（风险评估）。

对此不再赘述。

3.3.12　连接执行器

注：为实现下述示例中所规定的性能等级/安全完整性等级，必须在相应安全继电器的反馈回路中监控所示执行器。

注：对于容性负载和感性负载，建议设置足够的保护电路，以抑制电磁干扰，提高触头使用寿命。

（1）安全等级高达 PL c/Cat. 2（ISO 13849-1）或 SILCL 1（IEC 62061）的执行器接线图（见图 3-39）

（2）安全等级高达 PL e/Cat. 4（ISO 13849-1）或 SILCL 3（IEC 62061）的执行器接线图（见图 3-40）

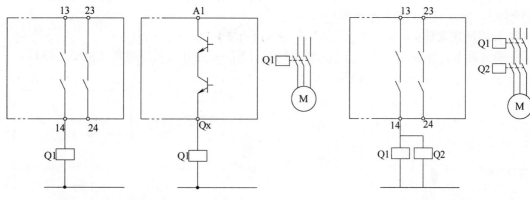

图 3-39　安全等级 PL c/Cat. 2（ISO 13849-1）
或 SILCL 1（IEC 62061）

图 3-40　安全等级 PL c/Cat. 4
（ISO 13849-1）或 SILCL 3（IEC 62061）

⚠ 警告

　　只有使用 安全继电器至控制继电器/接触器（Q1 和 Q2）的电缆敷设采取了交叉电路保护或 P 电位短路保护措施（如护套电缆或电缆槽），才能实现安全等级 PL e/Cat. 4（ISO 13849-1）或 SILCL 3（IEC 62061）。

　　（3）安全等级高达 PL e/Cat. 4（ISO 13849-1）或 SILCL 3（IEC 62061）的执行器接线图（见图 3-41）

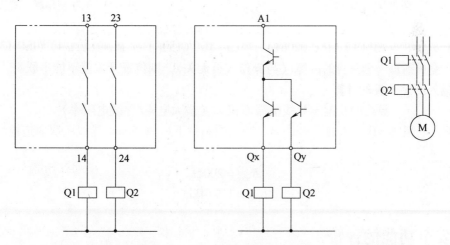

图 3-41　安全等级 PL e/Cat. 4（ISO 13849-1）或 SILCL 3（IEC 62061）

3.3.13　传感器的串联

1. 急停装置串联

因为它是假定在一个时间只有一个急停装置动作，可以通过串联急停器件（见图 3-

42)，实现最高安全等级（SILCL（IEC 62061）、SIL 3（IEC 61508）和 PL e（Cat. 4）（ISO 13849-1）），确保检测到错误和故障。

2. 位置开关串联

一般情况下，如果几个防护门不是经常同时打开，位置开关可以串联（见图 3-43）。

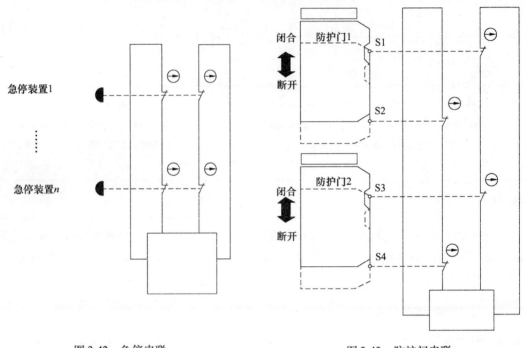

图 3-42　急停串联　　　　　　　　　图 3-43　防护门串联

对于安全等级 SILCL3（IEC 62061）、SIL3（IEC 61508）和 PL e（Cat. 4）（ISO 13849-1），由于需要检测到每一个危险的故障（与操作人员无关），则位置开关就不能串联。

3. 输入回路长度的计算

$$导线的长度 = 导线横截面积 \times （最大电阻/导线电阻率）$$

示例：电阻率 $=0.0175\Omega \cdot mm^2/m$（20℃ 的条件下）；$1.5mm^2$ 导线；双通道检测短路故障

$$R_{max} = 200\Omega$$

则
$$L_{max} = 1.714km$$

3.4　安全功能的评价

3.4.1　针对机器制造商需要执行的步骤

1）风险估计。

2）风险减少：

步骤 1：安全设计：通过设计减少风险（一般主要是通过设计消除危险的隐患，如减少引起危险的力或速度，通过优良的人类工效学设计）。

步骤 2：技术保护措施——采用安全防护措施（如防护罩、联锁保险装置）：

a）确定机械的危险区域。

b）定义风险参数 S、F、P。

c）使用风险图表确定所要求的性能等级。

d）设计和实施所要求的安全功能。

e）判定已达到的性能等级（可通过以下参数进行判定）：

①Category 等级；

②危险失效平均时间（MTTFd-Mean time to dangerious failure）；

③故障覆盖率（DC-Diagnostic Coverage）；

④共因失效（CCF-Common Cause Failure）。

f）比较达到的性能等级 PL 和所需的性能等级 PLr。

步骤 3：针对剩余风险的用户信息：

a）实施个人保护措施；

b）采用通知和警告提示信息。

3）机器的验证。

4）机器投放市场。

3.4.2　技术文档

1）每一步必须有容易理解的证明文档；

2）过程和结果；

3）测试方法和测试结果；

4）职责等。

所提供的每一个安全功能及其实现和评估，都必须根据标准中的技术规范进行归档。

（1）如何输入 MTTFd 值？

1）MTTFd 不能直接输入；

2）可以通过 B10 以及操作次数而间接获得。

过程如下：

1）选择第三方产品，输入 B10 数值和危险失效概率值；

2）操作次数 =1 次/h（如果是双通道，那么和两个通道都有关）；

3）B10 数值 =1 000 000；

4）危险失效概率 =50% 或 100%。

示例一：MTTFd =2 283 年

　　　　　B10 =1 000 000 生命周期

　　　　　危险失效概率 =50%

Channel 1　Channel 2

Manufacturer	Third-party manufacturer　SIEMENS	Equipment identifier	
		DC (%)	99 (high)
		B10 (operation cycles)	1000000
		Ratio of dangerous failures (%)	50
Order number		B10d (operation cycles)	2000000
More order numbers		MTTFd (in years)	2283.10 (high)

onsideration of safety integrity acc. to ISO 13849-1

Number of operations	1　Per hour	PL	PL e
CCF (points)	≥65　Estimate CCF	PFHD	2.47 E-08

示例二：MTTFd = 22 831 年

　　　　B10 = 100 000 生命周期

　　　　危险失效概率 = 50%

Channel 1　Channel 2

Manufacturer	Third-party manufacturer　SIEMENS	Equipment identifier	
		DC (%)	99 (high)
		B10 (operation cycles)	100000
		Ratio of dangerous failures (%)	50
Order number		B10d (operation cycles)	200000
More order numbers		MTTFd (in years)	228.31 (high)

onsideration of safety integrity acc. to ISO 13849-1

Number of operations	1　Per hour	PL	PL e
CCF (points)	≥65　Estimate CCF	PFHD	2.47 E-08

示例三：MTTFd = 11 415 年

　　　　B10 = 100 000 生命周期

　　　　危险失效概率 = 100%

Channel 1　Channel 2

Manufacturer	Third-party manufacturer　SIEMENS	Equipment identifier	
		DC (%)	99 (high)
		B10 (operation cycles)	100000
		Ratio of dangerous failures (%)	100
Order number		B10d (operation cycles)	100000
More order numbers		MTTFd (in years)	114.15 (high)

onsideration of safety integrity acc. to ISO 13849-1

Number of operations	1　Per hour	PL	PL e
CCF (points)	≥65　Estimate CCF	PFHD	2.47 E-08

（2）怎么转换操作次数？

假使一年中每天工作的天数：

1）365 天/年和 24h/天

2）通过选择每小时、每天、每周、每个月或每年转换为操作次数

示例一：每天工作 16h

　　　　　操作次数 = 16 次/天

示例二：每天工作 16h，且每周工作 5 天

　　　　　操作次数 = 80 次/周（16 次 × 5 天）

示例三：每天工作 16h，且每个月工作 20 天

　　　　　操作次数 = 320 次/月（16 次 × 20 天）

（3）怎样评估一个反馈控制回路？

对一个反馈回路进行诊断（诊断覆盖率原理）。

示例：控制接触器的不良状况（如主触头熔焊）。

标准 DI 允许：

1）信号的安全评估；

2）动态控制。

不影响计算：

1）通过故障安全型 PLC 进行的诊断覆盖（安全评估）；

2）通过动态控制检测出隐藏的故障，确保系统的完整性。

3.4.3　安全评价工具

获得认证机构认证的安全评价工具可以根据标准 ISO 13849-1 和 IEC 62061 的要求，一步一步地指导用户完成从安全系统结构定义、组件选用，直至可实现安全完整性的计算等全部工作。

此外，数量众多的各种集成式库文件也可以提供相关的支持。用户最终得到的标准兼容性报告，可以作为安全证书，整合在该文档中。

1. Safety Evlulation Tools（SET）
——安全评价工具

是一款西门子公司提供的、在线的安全评价工具（见图 3-44）。可以根据 IEC 62061 和 ISO 13849 -1 机械安全标准的要求，一步一步地引导用户实现自己的目标。这款经过 TUV 测试认证的在线工具软件支持快速可靠地评价用户的机器所需的安全功能。同时，可以为用户提供一个标准格式的报告，作为一个安全的证据，集成在相关的技术文档中。

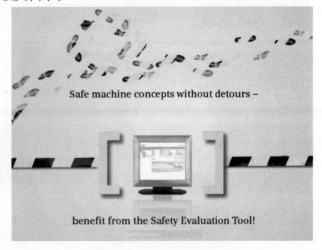

图 3-44　SET 软件的启动界面

更多有关软件的信息，请参见：

http：//www. siemens. com/safety-evaluation-tool

对于这个软件的使用，下面我们就以机床的急停安全控制回路设计举例，进行简单介绍。

步骤一：对于机床进行风险评估，定义全部的安全功能。

下面我们可以根据 ISO 13849-1 和 IEC 62061 分别进行风险评估（见图 3-45 和图 3-46）。

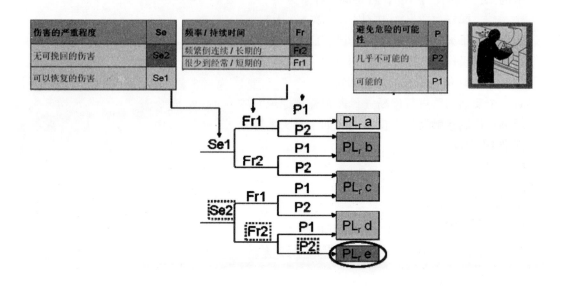

图 3-45　根据 ISO 13849-1 进行风险评估的方法

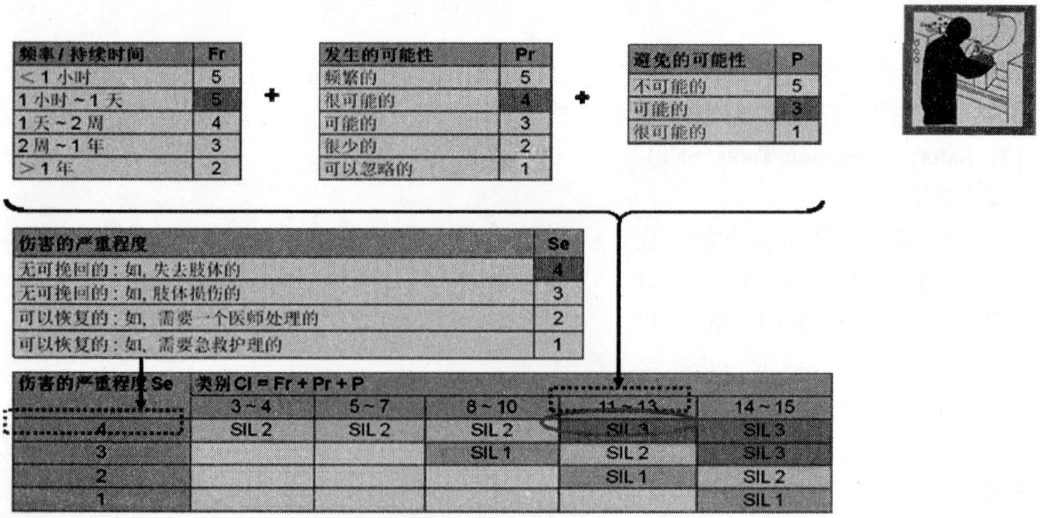

图 3-46　根据 IEC 62061 进行风险评估的方法

步骤二：根据 ISO 12100《机械安全 风险评价 风险减小的原则》的要求，对于风险评价的结果，利用安全评价工具（SET）软件，对于项目中的每一个安全功能（如急停功能）进行验证。

下面通过对于急停安全控制回路的设计，让我们来了解一下这个工具的使用：

1）运行这个工具软件后，首先需要建立一个新的项目（见图 3-47）。并且需要选择一个符合的安全标准，如 ISO 13849-1。

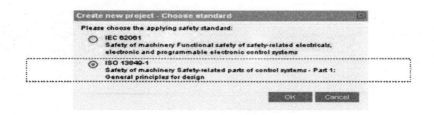

图 3-47　操作界面一

2）在项目树下，针对项目中的具体设备、安全功能进行定义。如图 3-48 所示，首先对于构建急停控制回路的监测装置（Detection）进行定义。

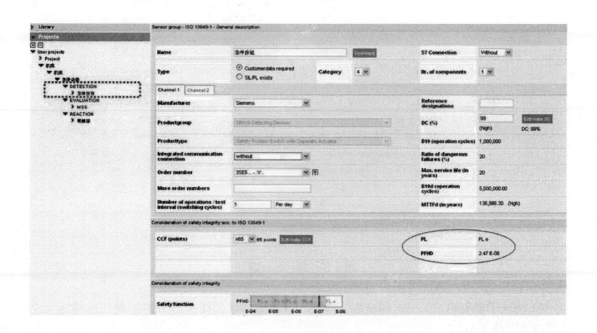

图 3-48　操作界面二

3）再对安全评估单元（Evaluation）进行定义（见图 3-49）。

4）最后对执行装置（Reaction）进行定义（见图 3-50）。

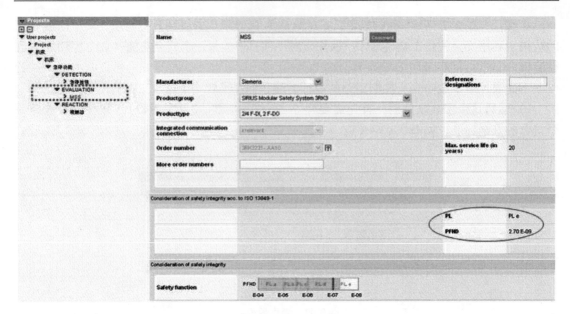

图 3-49　操作界面三

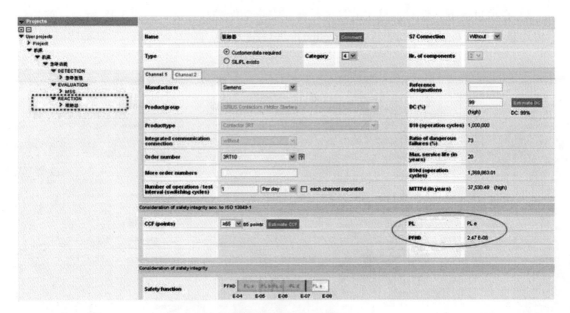

图 3-50　操作界面四

5）完成了前面的二、三、四步后，得到了下面的结果，即针对急停控制回路的定义全部完成（见图 3-51）。

2. SISTEMA——安全评价工具软件

SISTEMA 软件为从事安全相关机器控制的开发人员和测试人员在 ISO 13849-1 的安全评价方面提供了全面的支持（见图 3-52）。基于以上的设计架构，该工具模拟了安全相关控制组件，从而允许自动计算符合不同程度的详细的可靠性数值，包括达到的性能等级（PL）。

例如用来确定所需的性能等级（PLr）的风险参数，SRP/CS 的类别，在多通道系统中应对共因失效（CCF）的措施，平均危险故障时间（MTTFd），组件和功能块的诊断覆盖率（DCavg）等相关的参数，都是在输入对话框中一步一步进行的。可能影响整个系统的每一个参数的改变都能够立刻体现在用户界面上。最终的结果能够汇总在一个文档中，并且可以打印出来存档。

图 3-51　操作界面五

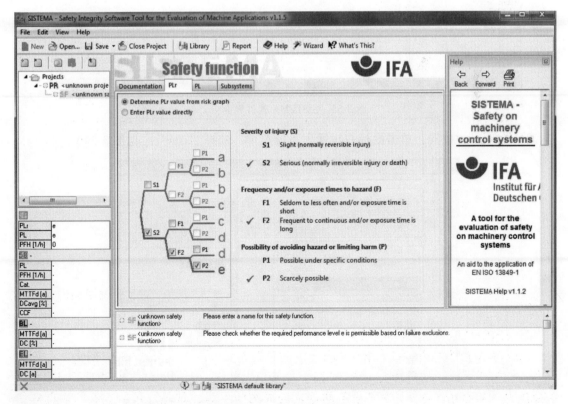

图 3-52　SISTEMA 软件

3. 如何将西门子公司的机电产品导入到 SISTEMA 软件？

1）打开 SISTEMA 软件，建立新项目：此过程仅是一个项目中，一个安全区域的一个安全功能（急停）示例（见图 3-53）。

图 3-53　SISTEMA 软件界面一

2）在项目树位置，单击鼠标右键弹出下拉菜单，选择 "New"（见图 3-54）。

图 3-54　SISTEMA 软件界面二

3）修改项目名称，如"北京奔驰"（见图3-55）。

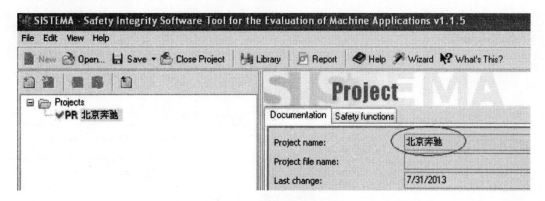

图 3-55　SISTEMA 软件界面三

4）同理，添加新的 SF（安全功能），并重新定义名称，如"安全区域一"（见图3-56）。

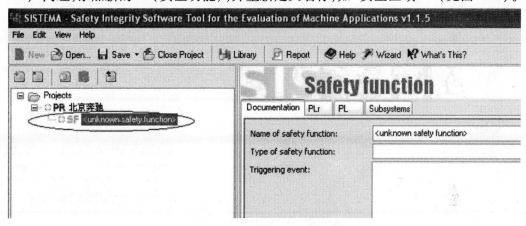

图 3-56　SISTEMA 软件界面四

5）将西门子产品的相关数据文件"…. ssm"分别通过"拖拽-释放"的方式，添加到项目树中（见图3-57）。

图 3-57　SISTEMA 软件界面五

6）如将"SIEMENS_SIRIUS_Sensors_Actors_K11. ssm"导入（见图3-58）。

7）在"SF 安全区域一"单击鼠标右键添加"SB（subsystem）安全子系统"——此

处添加了三个"SB"（见图 3-59）。

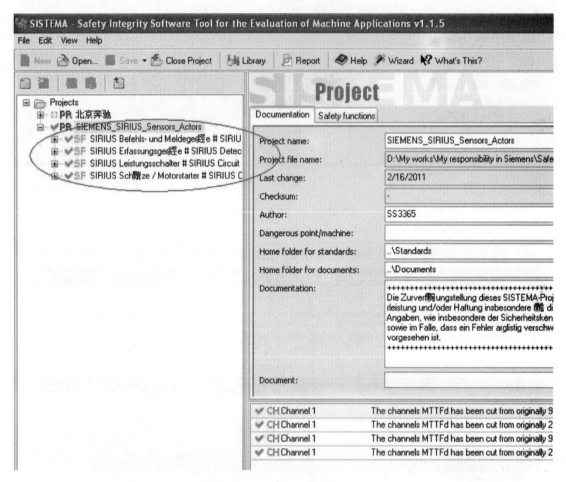

图 3-58　SISTEMA 软件界面六

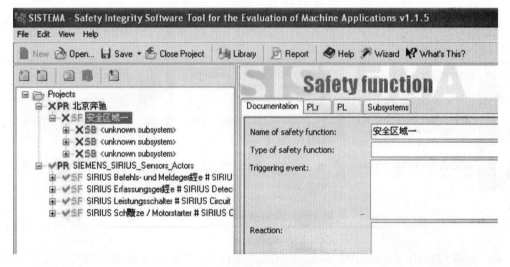

图 3-59　SISTEMA 软件界面七

8）将导入的"SIEMENS_SIRIUS_Sensors_Actors_K11. ssm"打开,找到选项并选择（见图 3-60）。

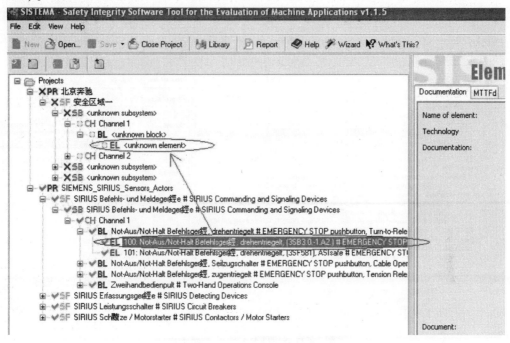

图 3-60　SISTEMA 软件界面八

9）通过选择"急停按钮 3SB3"，拖拽、保持、释放在相应的 EL 位置，会出现如下的确认对话框，选择"Copy Here"——此处需要注意，必须要一一对应，才可以实现拖放，如 EL 对应 EL，SB 对应 SB 等（见图 3-61）。

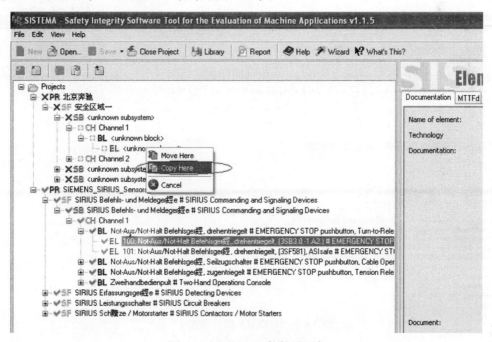

图 3-61　SISTEMA 软件界面九

10）效果（见图 3-62）。

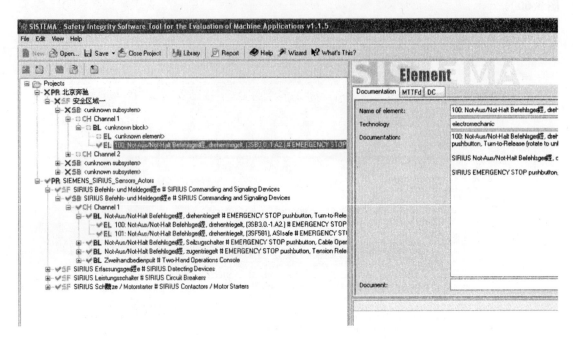

图 3-62　SISTEMA 软件界面十

11）单击屏幕右侧的 MTTFd，可显示西门子的急停按钮 3SB3 的相关参数（见图 3-63）。

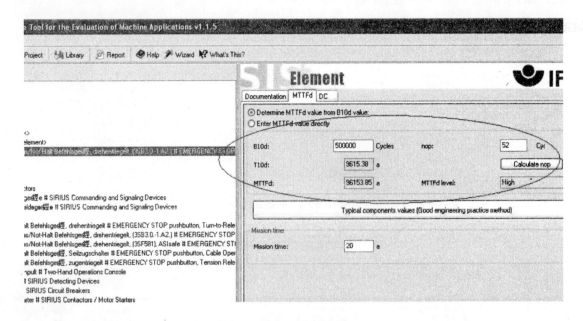

图 3-63　SISTEMA 软件界面十一

12）单击 DC，如果选择直接输入，则直接在 Diagnostic Coverage（DC）处，将"0"修改为需要的值（此处修改为了"99"）——注："60"对应"低"，"60～90"对应"中"，"99"对应"高"。当然此处也可以通过在"Select applied measure to evaluation DC"进行相应选择，即实际采取的措施/方法（见图 3-64）。

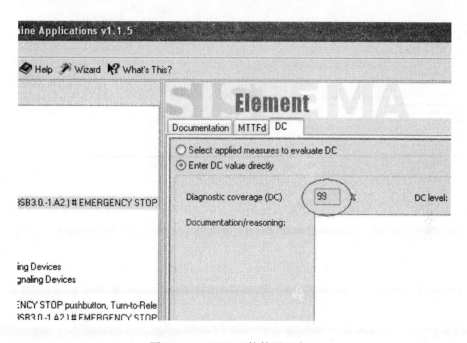

图 3-64　SISTEMA 软件界面十二

13）同理，设定双通道中的第二个通道（见图 3-65）。

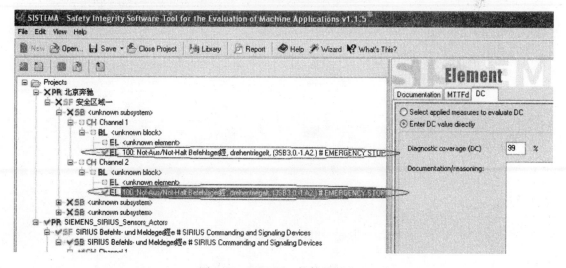

图 3-65　SISTEMA 软件界面十三

14）最后将鼠标单击 SB 处，屏幕右侧可以看到针对"急停按钮子系统"的相关参数设置界面（见图 3-66）。

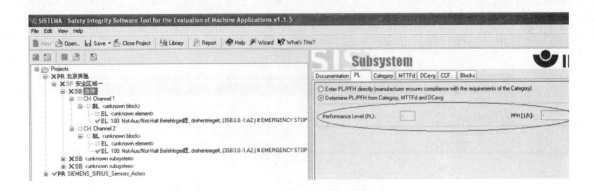

图 3-66　SISTEMA 软件界面十四

15）图 3-66 中的 MTTFd 和 DCavg 全部为空，此时需要进行基本的设定，即选择上面 "Enter PL/PFH directly（manufacturer ensures compliance with the requirements of the Category）" 的选项（见图 3-67）。

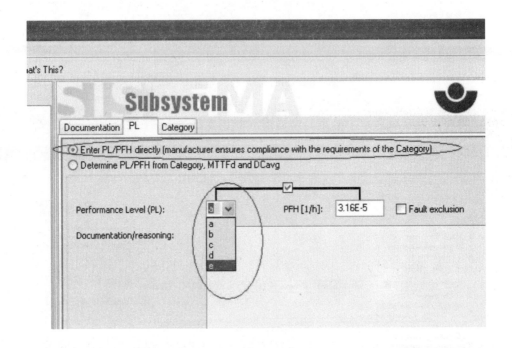

图 3-67　SISTEMA 软件界面十五

16）选择 PL 为 "e"。

17）同理，如果此安全控制回路采用的安全控制模块为 Modular Safety System（MSS），可以将 "SIEMENS_SIRIUS_MSS_3TK_K11. ssm" 拖拽入项目树（见图 3-68）。

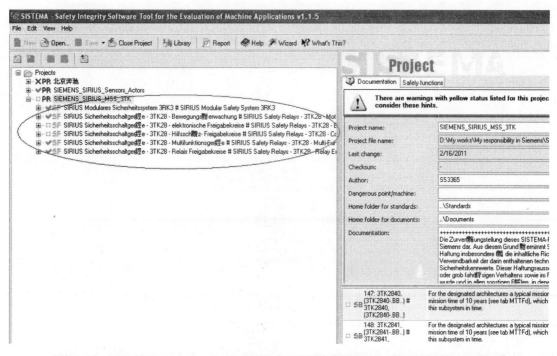

图 3-68　SISTEMA 软件界面十六

18）选择图 3-69 中红色框中的器件，拖拽至 "SF 安全区域一" 处，释放。

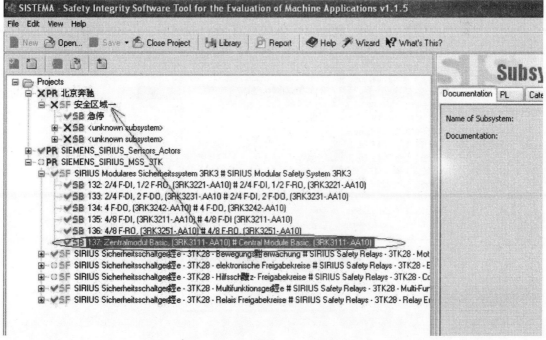

图 3-69　SISTEMA 软件界面十七

19）确认（见图 3-70）。

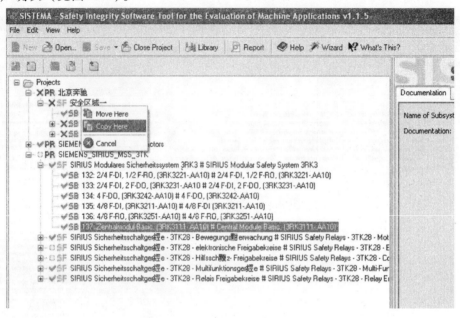

图 3-70　SISTEMA 软件界面十八

20）SB 的摆放位置可以上移或下移（见图 3-71）。

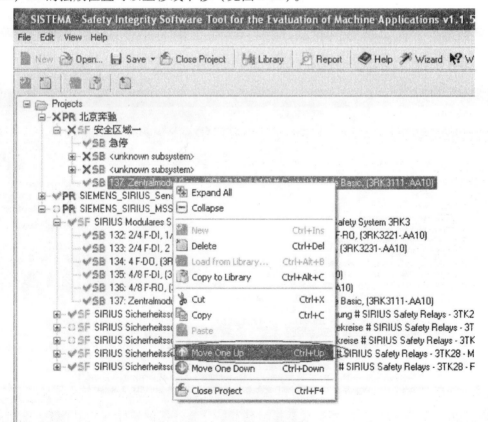

图 3-71　SISTEMA 软件界面十九

21）与控制模块设置的地方重叠的，可以删除（见图3-72）。

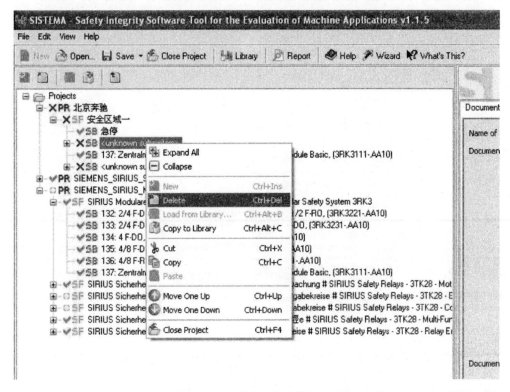

图3-72　SISTEMA软件界面二十

22）剩下的部分，还可以改名（见图3-73）。

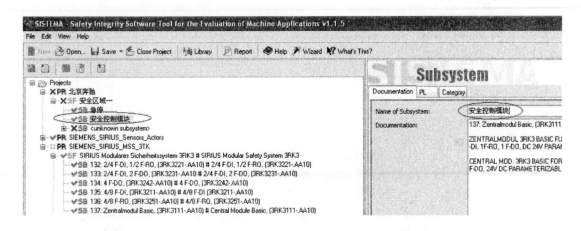

图3-73　SISTEMA软件界面二十一

23）同理，"执行单元"也可以选择之前已经拖拽的项目树的"SIEMENS_SIRIUS_ Sensors_Actors_K11. ssm"中的接触器等执行装置。并将选择的器件，如"3RT"拖拽并在相应的"✗SB"的"EL"处（见图3-74）。

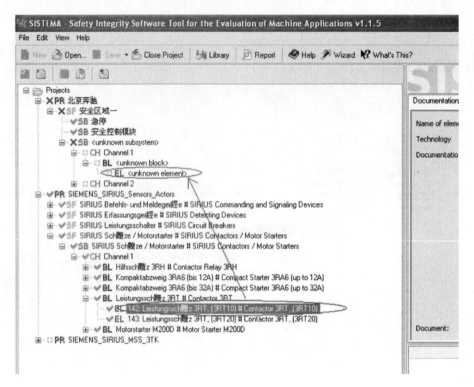

图 3-74　SISTEMA 软件界面二十二

24）从"CH Channel 1"复制到"CH Channel 2"处（见图 3-75）。

图 3-75　SISTEMA 软件界面二十三

25）将 "✕ＳＢ ＜ unknown block ＞" 的名字修改为 "接触器"，然后再 "PL" 处选择红圈处的选项，对 "PL" 进行定义（见图 3-76）。

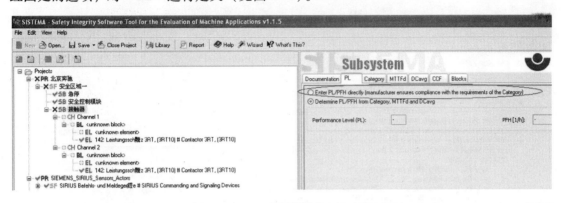

图 3-76　SISTEMA 软件界面二十四

26）将 "PL" 选择为 "e"（见图 3-77）。

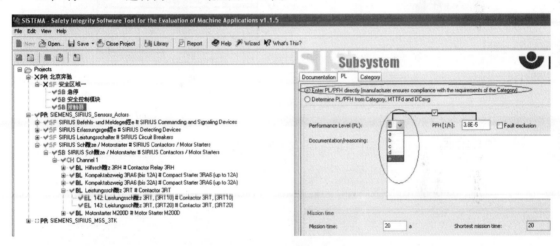

图 3-77　SISTEMA 软件界面二十五

27）此时 "SF 安全区域一" 全部为绿色的 "✔"（见图 3-78）。

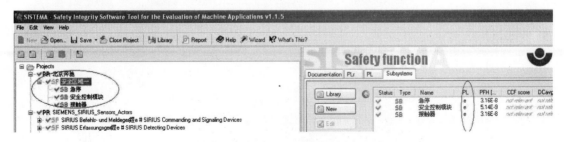

图 3-78　SISTEMA 软件界面二十六

28）项目结束后，可以产生报告。并根据需要进行相应的选择（见图 3-79）。

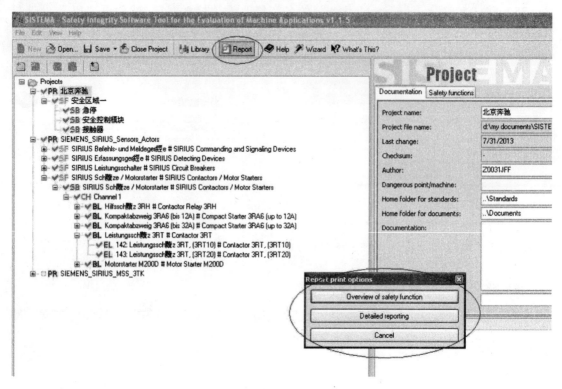

图 3-79　SISTEMA 软件界面二十七

29）项目结束。

第4章　应用示例

4.1　概述

在制造业领域，对于在机器附近工作的人员，必须采用技术措施对他们进行适当的保护。最好的防护是使机器全自动操作或者利用机器人（机械手）操作，从而使人员远离危险区。但我国的机械装备自动化水平还不高，自动化技术的应用也不是很普及。目前，机器较为常用的保护方式主要有两种：一是在机器危险动作过程中使相关人员无法进入危险区，另一种是人员一旦进入危险区，机器的危险动作立即停止。为了准确地满足该目的，需要设计大量的安全功能，例如机器一旦出现异常情况，要求机器上必须设置必要的用于紧急停机的急停控制装置（如急停按钮、拉绳开关等）；所有防护门是否已经全部可靠关闭，从而满足了机器起动的必要条件；为防止人员的身体部位（如手臂）进入危险区，采用双手操纵装置启动设备的危险动作；为避免由于过载出现断轴等情况，需要对于运动控制装置设置必要的超速监测；以及运动受控装置（如电动机）是否已经处于停止运行的状态，而具备了打开安全门的必要条件等。

本书通过列举简明易懂的应用示例，描述了如何实现其中的某些最重要的/典型的安全功能。并根据需要实现的安全功能的类型，对示例进行了如下分类：

1）紧急停机；

2）防护门监测；

3）开放式危险区域的监测；

4）安全速度/安全停机监测；

5）安全操作输入；

6）常见安全功能组合应用（见图 4-1）。

如何理解这些应用示例：

这些应用示例采用了统一的编写方式，非常便于实际应用中的参考。每个示例的开始部分，都有一段简洁的应用说明。此外，还采用了简单的示意图解释了如何进行安全功能的设计。

需要说明的是，传感器的输入信号和执行器的输出信号用实线表示；而用于监测执行器动作的反馈回路用虚线表示（见图 4-2）。

安全功能的工作原理，以及可以达到的最高安全等级（见表 4-1），即在 IEC 62061 标准中采用安全完整性等级（SIL）、在 ISO 13849-1 标准中采用性能等级（PL）表示，本书中也给出了清晰的解释。

本书中所列举的应用示例中包含有多个安全功能。这种情况下，该表示方法先描述标题中的安全功能所达到的安全等级。之后，再描述其他安全功能所达到的安全等级。

图 4-1　描述方法示例：安全功能的结构一

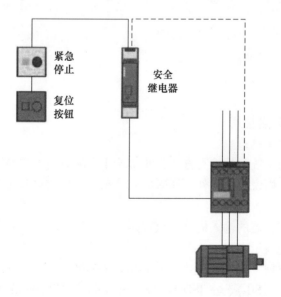

图 4-2　描述方法示例：安全功能的结构二

表 4-1 可以达到的最高安全等级的描述方式

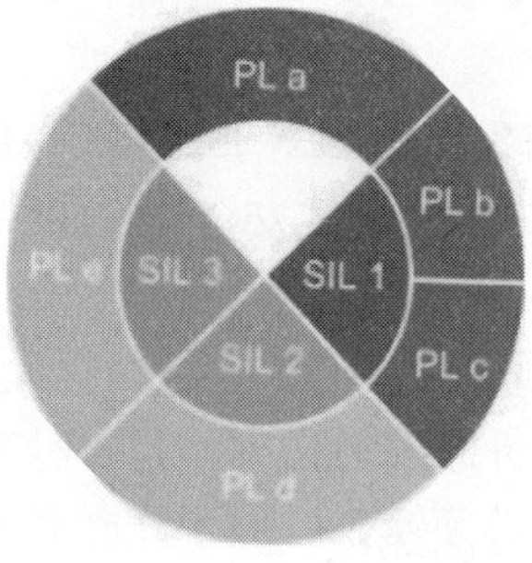

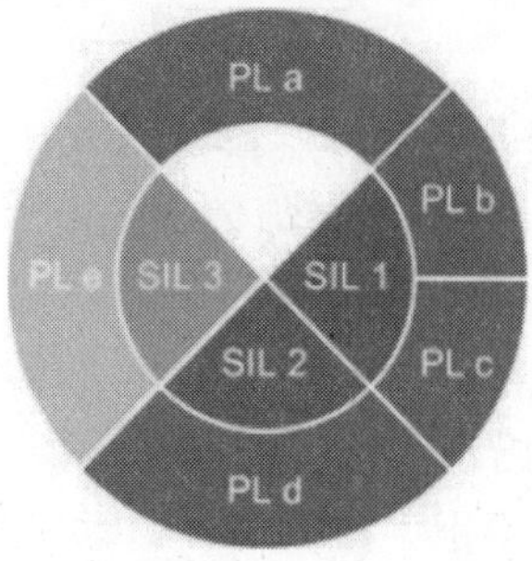

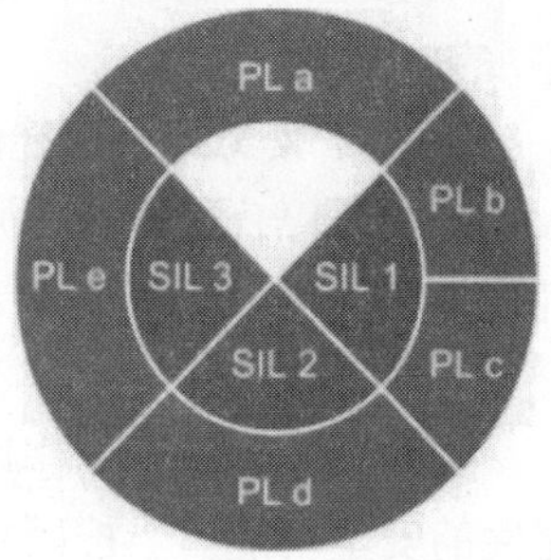

适用于最高为 SIL 1/PL c 的安全等级	适用于最高为 SIL 2/PL d 的安全等级	适用于最高为 SIL 3/PL e 的安全等级

注：任何情况下，应用示例所达到的安全等级都取决于其具体的实现方法。例如，要求必须检查或遵守与开关频率或故障排除等有关的假设时，尤其如此。

每个示例中所采用的、与安全有关的部件均将通过列表的方式给出，因此读者可以依据所描述的实现方式，很方便地搭建安全控制回路，从而重新实现这些应用。

本书中所列举的示例中，其功能均采用图中标出的硬件组件进行了测试。部件列表中未列出的其他类似产品，也可以使用。比如：动力控制元件也可以是阀、速度控制器，制动机构也可以是液（气）压缸，在这种情况下，请注意，可能需要对硬件组件的接线方式进行必要的更改（例如端子的定义可能不同）。

4.2 紧急停机

4.2.1 简介

紧急停止控制装置（如急停按钮）是一种用来防止人员、设备和环境受到潜在危险的伤害，且应用很广泛的组件。该组件在出现紧急情况时停止启动操作。本章描述了该安全功能的典型应用。

1. 典型应用

在这个应用示例中，我们采用了一个评估单元（如安全继电器）来监测紧急停止控制装置及其强制断开触头的状态。根据标准 EN60204-1 的停止类别 0 的要求，紧急停止功能被激活后，评估单元通过安全输出切断所连接的执行器（如带有强制断开触头的接触器、用于控制离合器/制动器的安全双联阀、用于控制危险液压运动的电磁阀或先导阀）。利用"复位"按钮重新启动设备或者对急停切断进行确认之前，需要检查紧急停止控制装置的触头是否已经闭合（即急停按钮处于"释放"的状态），并且执行器是否仍处于断开的状态。

注：

1. 必须对传感器的电缆进行保护；必须使用带有强制断开触头的安全传感器，如急停按钮。

2. 用于紧急停止功能的装置、功能特点和设计指南，请参阅标准"EN ISO 13850 机械安全紧急停止的设计原则"。此外，也必须遵守标准"EN 60204-1 机械安全 机械的电气设备 第一部分：一般要求"中的相关规定。

3. "紧急停止"并不是降低危险的方法，不能避免或防止危险的产生。

4. "紧急停止"的作用在于出现危险后能避免或减小危险所造成的伤害，是一种补充性的安全功能。当按下"紧急停止"按钮后，电动机的电源必须断开，但不能断开起安全作用的辅助设备或装置，如刀具的动力夹持装置（若有）等。对于某些机器，如机械式压力机或塑料注射成型机，除断开电动机电源外，还必须断开离合器（用安全双联阀控制）或合模液压缸的油路（用电磁阀控制）。

2. 串联连接的条件

在实际应用中，经常会遇到同一台机器上有多个紧急停止控制装置（如急停按钮）的应用。

安全等级达到 PL e/Cat. 4（参考标准 ISO 13849-1）或 SIL 3（参考标准 IEC 62061）时，如果采用的相关措施可以确保不会出现故障，并且不可能出现多个紧急停止控制装置的同时操作，则允许采用串联方式连接多个急停装置（见图4-3）。

当多个急停装置串联在一起时，通过急停装置实现的每个安全停机功能都是一个单独的补充性的安全功能。如果使用的是同一种急停装置，则可以把其中的一个补充性的安全功能视为可以代表全部的补充性的安全功能。

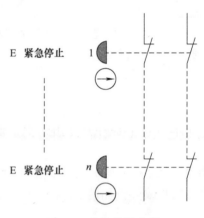

图4-3　急停信号串联

4.2.2　采用安全继电器实现安全等级为 SIL 1 或 PL c 的紧急停机

1. 应用

采用安全继电器和带有强制断开结构的接触器实现电机的紧急停机。

根据"第3章 第3.1节机械安全控制系统的技术规范和设计"中介绍的内容，即 ISO 13849-1 中关于安全控制回路的结构设计，必须满足如下设计要求：

1）单通道结构设计；

2）采用测试设备进行监测。

2. 设计（见图4-4）

3. 工作原理

安全继电器对急停装置进行监测。当急停装置被激活（即急停按钮被按下）后，安全继电器采用安全方式断开使能回路（即安全输出回路处于断开状态），并断开所连接的接触器（有些设备可能还要同时断开安全双联阀或电磁阀，如机械式压力机或塑料注射成型机)，从而使设备可靠地停止运行。可达到的最高安全等级（见图4-5）。

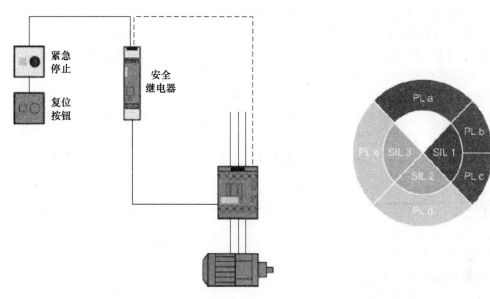

图4-4　急停功能　　　　　　　　　　图4-5　最高安全等级

如果紧急停止控制装置已经断开，且反馈回路已经闭合，则可以利用"复位"按钮重新启动设备。重启前必须先进行复位，即只有进行复位后，重启功能才能执行。

至于何种情况下应采用何种复位方式（自动复位、手动复位、可监控复位），视具体应用行业的具体工艺要求而定。

4. 安全组件（见表4-2）

表4-2　安全组件

紧急停止控制装置	安全继电器	接触器
注：急停按钮采用一个单通道输入方式		注：执行装置采用单通道输出方式

5. 安全功能的计算

通过安全评价工具（Safety Evaluation Tool，SET），可以对于上述的应用进行验证。

（http：//support. automation. siemens. com/WW/view/en/73134129）

6. 应用举例

示例一：

注：

1. 示例中的安全继电器未指明具体品牌和型号，但尽量选取有代表性的型号。

2. 示例中必须采用强制断开结构设计的急停按钮、执行装置（如接触器）。

3. 实际使用中，使用者必须参考安全继电器生产厂商提供的具体型号产品的关于安装、调试、应用的技术手册，再确定具体的接线方式。

4. 安全继电器上电前，必须确认连接方式的正确性。

5. 图 4-6 中所示的反馈回路（即用于监控执行装置 K1 的辅助触头）和"复位按钮"一起串接入接线端子 Y1/Y2 之间。

6. 示例中所示的连接方法经常被应用在相对而言安全技术要求较低的应用场合。

在图 4-6 中，急停按钮直接串入安全继电器的供电端（即 24V DC 电源和安全继电器的接线端子 A1 之间），也就是说，通常遇到紧急情况时，采用急停按钮的常闭触头断开，直接切断供电电源的方式使安全继电器失电，切断安全输出，即 13/14、23/24、33/34 将保持断开的状态。其中的 13/14 控制的 K1 线圈失电，K1 的主触头切断主回路，从而使受控的装置 M（可能是整台机器，也可能是机器的部分运动部件）可靠地停止运行。同时，辅助触头 41/42 保持闭合的状态，状态指示灯 H1 也随之保持常亮的状态，起到警示的作用。

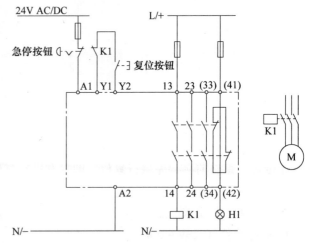

图 4-6　急停应用示例

如果机器具备了再次投入运行的条件，则在释放急停按钮的前提下，通过按下复位按钮，使 Y1/Y2 之间的触发信号起作用，从而使安全继电器的安全输出 13/14、23/24、33/34 全部处于闭合的状态，K1 线圈得电，K1 的主触头将使主回路处于导通的状态，受控装置 M 进入正常运行的工作状态。同时，辅助输出 41/42 处于断开状态，状态指示灯 H1 熄灭，表示安全继电器的工作状态正常。

示例二：

注：

1. 示例中的安全继电器未指明具体品牌和型号，但尽量选取有代表性的型号。

2. 示例中必须采用强制断开结构设计的急停按钮、执行装置（如接触器）。

3. 实际使用中，使用者必须参考安全继电器生产厂商提供的具体型号产品的关于安装、调试、应用的技术手册，再确定具体的接线方式。

4. 安全继电器上电前，必须确认连接方式的正确性。

5. 图 4-7 中所示的反馈回路（即用于监控执行装置 Q1 的辅助触头）和"复位按钮"一起串接入接线端子 Y1/Y2 之间。

6. 示例中所示的连接方法经常被应用在相对而言安全技术要求较低的应用场合。

7. 在图 4-7 中,安全继电器的复位方式通过 DIP 开关进行设定,但这个步骤需要在安全继电器上电之前完成。

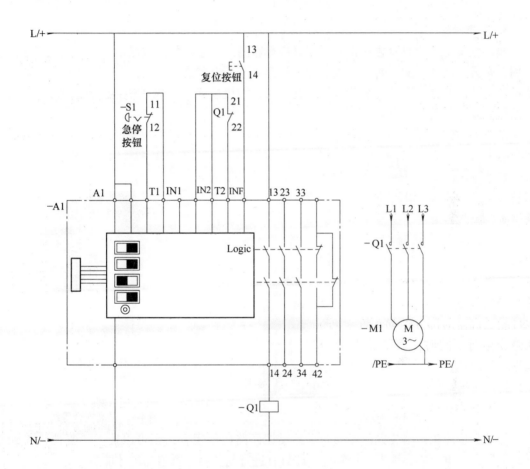

图 4-7 急停应用示例

急停按钮-S1 直接接入安全继电器的 IN1/T1。按下急停按钮时,安全继电器的安全输出全部处于断开状态,其中 13/14 使执行装置-Q1 的线圈失电,其主触头切断主回路,从而使受控机器 M 可靠地停止运行。

如果机器具备了再次投入运行的条件,则在释放急停按钮(即常闭触头处于闭合的状态)的前提下,通过按下复位按钮-S2,使安全继电器的安全输出全部处于闭合的状态,使执行装置-Q1 的线圈得电,其主触头-Q1 使主回路处于导通的状态,受控机器 M 进入正常运行的工作状态。

4.2.3 采用模块化安全系统实现安全等级为 SIL 1 或 PL c 的紧急停机

1. 应用

采用可设置参数的模块化安全系统和带有强制断开结构的接触器/实现电动机的紧急停机。

根据"第 3 章 第 3.1 节机械安全相关控制的规范和设计"中介绍的内容，即 ISO 13849-1 中关于安全控制回路的结构设计，必须满足如下设计要求：

1）单通道结构设计；

2）采用测试设备进行监测。

2. 设计（见图 4-8）

3. 工作原理

模块化安全系统对紧急停止控制装置进行监测。当急停装置被激活后，模块化安全系统采用安全方式断开使能回路（即安全输出回路处于断开状态），并断开所连接的接触器（有些机器可能还要同时断开安全双联阀或电磁阀，如机械式压力机或塑料注射成型机）。可达到的最高安全等级（见图 4-9）。

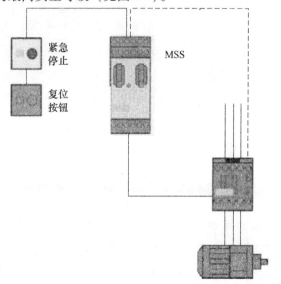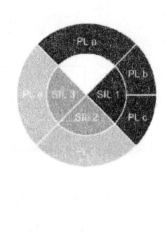

図 4-8　急停功能　　　　　　　　　　図 4-9　最高安全等级

如果紧急停止控制装置已经断开，且反馈回路已经闭合，则可以按下"复位"按钮重新起动设备。重启前必须先进行复位，即只有进行复位后，重启功能才能执行。

至于何种情况下应采用何种复位方式（自动复位、手动复位、可监控复位），视具体应用行业的具体工艺要求而定。

4. 安全组件（见表 4-3）

表 4-3　安全组件

紧急停止控制装置	模块化安全系统	接触器
注：急停按钮采用一个单通道输入方式		注：执行装置采用单通道输出方式

5. 安全功能的计算

通过安全评价工具（Safety Evaluation Tool，SET），可以对于上述的应用进行验证。

（http：//support. automation. siemens. com/WW/view/en/69064058）

6. 应用示例

> 注：
> 1. 示例中的模块化安全系统未指明具体品牌和型号，但尽量选取有代表性的型号。
> 2. 示例中必须采用强制断开结构设计的急停按钮、执行装置（如接触器）。
> 3. 实际使用中，使用者必须参考模块化安全系统生产厂商提供的模块化安全系统的、相应型号的关于安装、调试、应用的技术手册，再确定具体的接线方式。
> 4. 模块化安全系统上电前，必须确认连接方式的正确性。
> 5. 示例中所示的连接方法经常被应用在相对而言安全技术要求较低的应用场合。

在图 4-10 中，急停按钮-S1 的信号接入模块化安全系统-A1 的输入端 T1/IN1（注：T1 是系统自动提供的一个测试脉冲信号，用于诊断功能），也就是说，按下急停按钮后，模块

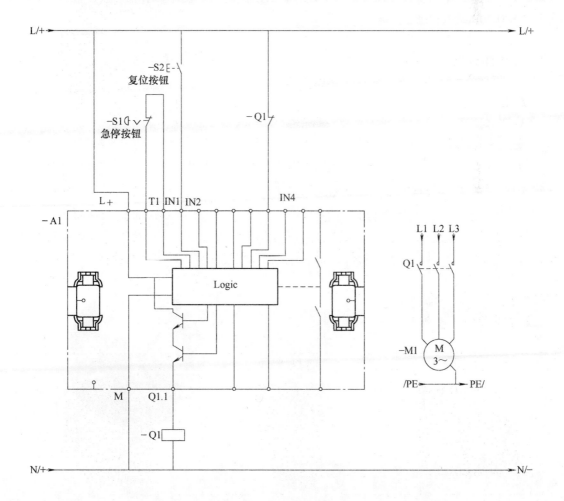

图 4-10　急停应用示例

化安全系统监测到输入端的急停按钮-S1 信号发生了变化，根据预先组态的逻辑架构输出结果，切断所有安全输出。使执行装置-Q1 的线圈失电，其主触头 Q1 所控制的受控装置-M1 可靠地停止运行。

如果机器具备了再次投运的条件，则在释放急停按钮-S1 的前提下，通过按下复位按钮-S2，触发模块化安全系统内部的逻辑块的输入端，就会使受控装置具备再次投运的条件。此时，安全输出端所连接的线圈 Q1 就会根据逻辑结果进行预期的运行动作。

> 注：相关应用需要应用安全控制系统的专用的组态软件进行组态。

4.2.4 采用安全继电器实现安全等级为 SIL 3 或 PL e 的紧急停机

1. 应用

采用安全继电器和带有强制断开结构的接触器实现电动机的紧急停机。

根据"第 3 章 第 3.1 节机械安全控制系统的技术的规范和设计"中介绍的内容，即 ISO 13849-1 中关于安全控制回路的结构设计，必须满足如下设计要求：

1）采用冗余结构设计；

2）传感器监测（同步输入监测）；

3）使能回路监测（监测原理类似于采用反馈回路实现的监测）；

4）所有子系统都具备高诊断覆盖率。

2. 设计（见图 4-11）

3. 工作原理

安全继电器对两个通道上的紧急停止控制装置进行监测。当急停装置被激活后，安全继电器采用安全方式断开使能回路（即安全输出回路处于断开状态），并断开所连接的接触器（必要时，某些机器可能还要同时断开安全双联阀和/或电磁阀）。可达到的最高安全等级（见图 4-12）。

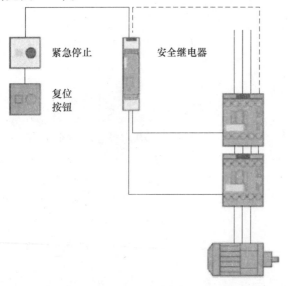

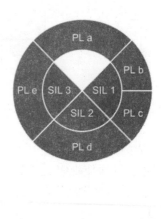

图 4-11　急停功能　　　　　　　　　　图 4-12　最高安全等级

如果紧急停止控制装置已经断开且反馈回路已经闭合，则可以按下"复位"按钮重新启动设备。重启前必须先进行复位，即只有进行复位后，重启功能才能执行。

至于何种情况下应采用何种复位方式（自动复位、手动复位、可监控复位），视具体应用行业的具体工艺要求而定。

4. 安全组件（见表4-4）

表4-4 安全组件

紧急停止控制装置	安全继电器	接触器
注：急停按钮采用一个双通道输入方式		注：执行装置采用双通道输出方式

5. 安全功能的计算

通过安全评价工具（Safety Evaluation Tool，SET），可以对于上述的应用进行验证。（http：//support. automation. siemens. com/WW/view/en/73136378）

6. 应用举例

示例一：

> 注：
> 1. 示例中的安全继电器未指明具体品牌和型号，但尽量选取有代表性的型号。
> 2. 示例中必须采用强制断开结构设计的急停按钮、执行装置（如接触器）。
> 3. 实际使用中，使用者必须参考安全继电器生产厂商提供的具体型号产品的关于安装、调试、应用的技术手册，再确定具体的接线方式。
> 4. 安全继电器上电前，必须确认连接方式的正确性。
> 5. 示例中所示的连接方法经常被应用在相对而言安全技术要求较高的应用场合。

在图 4-13 中，急停按钮信号（注：两个触头模块各自带有一个常闭触头，形成冗余的结构）直接接入安全继电器的输入端 T1/IN1 和 T2/IN2，也就是说，当按下急停按钮后，安全继电器监测到安全输入信号的变化，切断安全输出，即 13/14、23/24、33/34 将保持断开的状态。其中的 13/14、23/24 控制的 Q1、Q2 线圈失电。由于 Q1 和 Q2 的主触头是串接接入了主回路，从而使受控的装置 M（可能是整台机器，也可能是机器的部分运动部件）可靠地停止运行。由于采用了主触头串接的方式，这样的冗余结构设计使得切断的可靠性大大提高。

同时，辅助触头 41/42 保持闭合的状态，状态指示灯 H1 也随之保持常亮的状态，起到警示的作用。

如果机器具备了再次投入运行的条件，由于采用的是自动复位的方式，因此只需释放急停按钮，安全继电器的安全输出 13/14、23/24、33/34 将全部闭合，Q1、Q2 线圈得电，Q1、Q2 的主触头闭合后将使主回路处于导通的状态，受控装置 M 进入正常运行的工作状态。同时，辅助输出 41/42 处于断开状态，状态指示灯 H1 熄灭，表示安全继电器的工作状态正常。

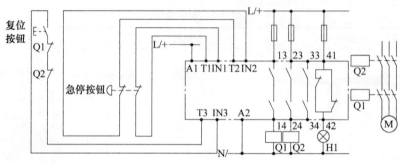

图 4-13　急停应用示例

示例二：

> 注：
> 1. 示例中的安全继电器未指明具体品牌和型号，但尽量选取有代表性的型号。
> 2. 示例中必须采用强制断开结构设计的急停按钮、执行装置（如接触器）。
> 3. 实际使用中，使用者必须参考安全继电器生产厂商提供的具体型号产品的关于安装、调试、应用的技术手册，再确定具体的接线方式。
> 4. 安全继电器上电前，必须确认连接方式的正确性。
> 5. 示例中所示的连接方法经常被应用在相对而言安全技术要求较高的应用场合。
> 6. 在图 4-14 中，安全继电器的复位方式通过 DIP 开关进行设定，但这个步骤需要在安全继电器上电之前完成。

急停按钮-S1 的两路输入信号（双通道输入方式）分别接入安全继电器-A1 的输入端 T1/IN1 和 T2/IN2。按下急停按钮-S1（注：理论上是安全门开关的两个常闭触头同时断开；但由于触头的粘连或短路，有可能发生一个通道无法切断的状态）后，通过安全继电器-A1 切断所有的安全输出，即作为安全输出的常开触头，此时将保持断开的状态。其中执行装置 -Q1 和-Q2 的线圈全部失电，-Q1 和-Q2 的主触头将使受控装置-M1 可靠地停止运行。

如果机器具备了再次投入运行的条件，则在释放急停按钮-S1（即常闭触头处于闭合的状态）的前提下，通过按下复位按钮-S2，使安全继电器-A1 的全部安全输出处于闭合的状态，-Q1 和-Q2 的线圈得电，-Q1 和-Q2 的主触头将使受控装置-M1 再次投入运行。

4.2.5　采用模块化安全系统实现安全等级为 SIL 3 或 PL e 的紧急停机

1. 应用

采用可设置参数的模块化安全系统和带有强制断开结构的接触器实现电动机的紧急停机。

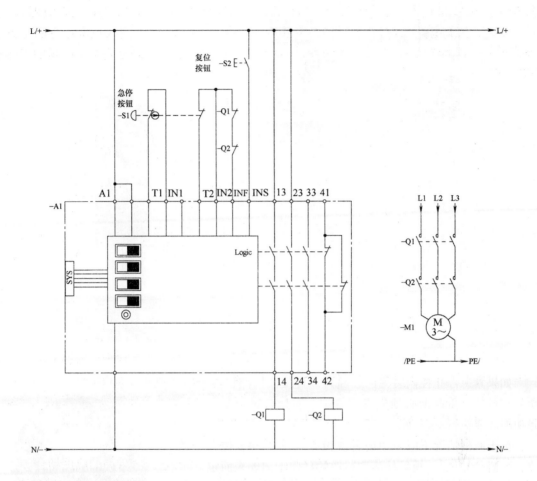

图 4-14 急停应用示例

根据"第 3 章第 3.1 节机械安全控制系统的技术规范与设计"中介绍的内容，即 ISO 13849-1 中关于安全控制回路的结构设计，必须满足如下设计要求：

1）采用冗余结构设计；

2）传感器监测（同步输入监测）；

3）使能回路监测（监测原理类似于采用反馈回路实现的监测）；

4）所有子系统都具备高诊断覆盖率。

2. 设计（见图 4-15）

3. 工作原理

模块化安全系统对两个通道上的紧急停止控制装置进行监测。当紧急停止控制装置被激活后，模块化安全系统采用安全方式断开使能回路（即安全输出回路处于断开状态），并断开所连接的接触器（有些设备可能还要同时断开安全双联阀或电磁阀，如机械式压力机或塑料注射成型机）。可达到的最高安全等级（见图 4-16）。

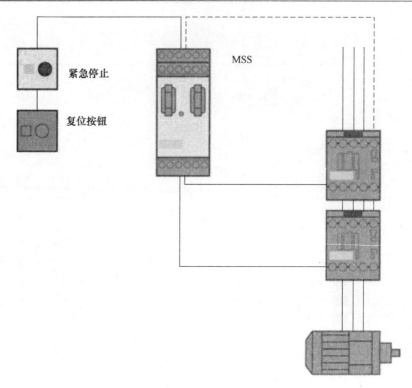

图 4-15　急停功能

　　如果紧急停止控制装置已经断开，且反馈回路已经闭合，则可以按下"复位"按钮重新起动设备。重起前必须先进行复位，即只有进行复位后，重起功能才能执行。

　　至于何种情况下应采用何种复位方式（自动复位、手动复位、可监控复位），视具体应用行业的具体工艺要求而定。

　　4. 安全组件（见表 4-5）

　　5. 安全功能的计算

　　通过安全评价工具（Safety Evaluation Tool，SET），可以对于上述的应用进行验证。

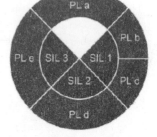

图 4-16　最高安全等级

（http：//support. automation. siemens. com/WW/view/en/69064698）

表 4-5　安全组件

紧急停止控制装置	模块化安全系统	接触器
注：急停按钮采用一个双通道输入方式		注：执行装置采用双通道输出方式

6. 应用示例

注：

1. 示例中的模块化安全系统未指明具体品牌和型号，但尽量选取有代表性的型号。

2. 示例中必须采用强制断开结构设计的急停按钮、执行装置（如接触器）。

3. 实际使用中，使用者必须参考模块化安全系统生产厂商提供的模块化安全系统的、相应型号的关于安装、调试、应用的技术手册，再确定具体的接线方式。

4. 模块化安全系统上电前，必须确认连接方式的正确性。

5. 示例中所示的连接方法经常被应用在相对而言安全技术要求较高的应用场合。

在图 4-17 中，急停按钮-S1 的信号（注：两个触头模块各自带有一个常闭触头，形成冗余的结构）接入模块化安全系统-A1 的输入端 T1/IN3 和 T2/IN4（注：T1/T2 是系统自动提供的两个不同频率的测试脉冲信号，用于诊断功能），也就是说，按下急停按钮-S1 后，模块化安全系统-A1 监测到输入端的安全输入信号发生了变化，根据预先组态的逻辑架构输出结果，切断相应的安全输出，从而使相关的受控装置-M1 可靠地执行预期的运行动作。

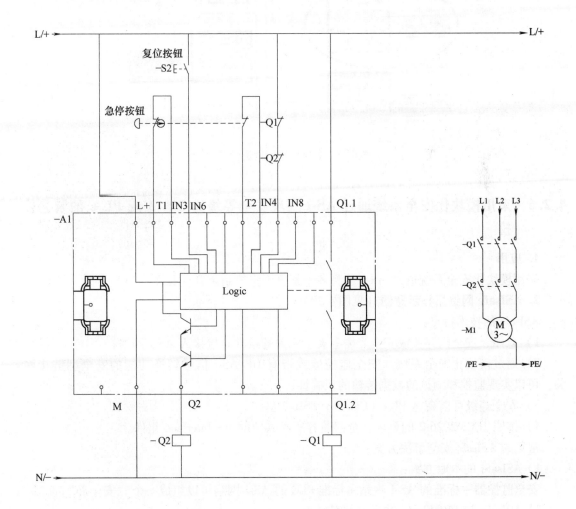

图 4-17　急停应用示例

　　如果机器具备了再次投入运行的条件，则在释放急停按钮-S1 的前提下，通过按下复位按钮-S2，触发模块化安全系统-A1 内部的逻辑块的输入端，就会使受控装置具备再次运行的条件。此时，安全输出端所连接的执行装置-Q1 和-Q2 就会根据逻辑结果进行预期的运行动作，如图 4-18 所示。

> 注：
> 1. 相关应用需要应用安全控制系统的专用的组态软件进行组态。
> 2. 组态软件提供了大量的功能块，这些功能块都是经过认证且可以应用于安全应用的，如急停功能块、操作模式功能块、双手控制功能块、防护门功能块，以及逻辑、计时、计数、静音等功能块。

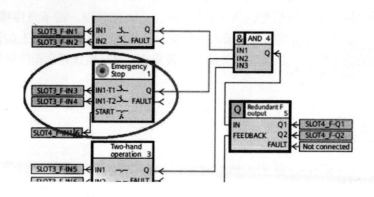

图 4-18　急停应用示例逻辑图

4.2.6　采用模块化安全系统通过 AS-i 实现安全等级为 SIL 3 或 PL e 的紧急停机

1. 应用

采用模块化安全系统通过 AS-i 监测多个紧急停止控制装置（见图 4-19）。

2. ASIsafe 网络拓扑示意图（见图 4-20）

ASIsafe 的技术特点：

1）急停、安全门开关或安全光栅等安全相关的组件直接接入 AS-i 网络；

2）通过模块化安全系统、安全监控器或带有 DP/AS-i 信号转换功能的安全型链接网关，可以实现监控和测试的数据传输的正确性；

3）安全等级可以高达 PL e（Cat. 4）/SIL 3；

4）按照 IEC 62026-2 的要求，全部兼容所有其他的 AS-Interface 组件。

常见的 ASIsafe 安全解决方案：

1）ASIsafe 的本地方案：

安全监控器 + 标准的 AS-i 主站 + 标准 PLC 的 AS-i 网络可以组成一个"安全岛"

2）ASIsafe 与 PROFIsafe 结合的方案。

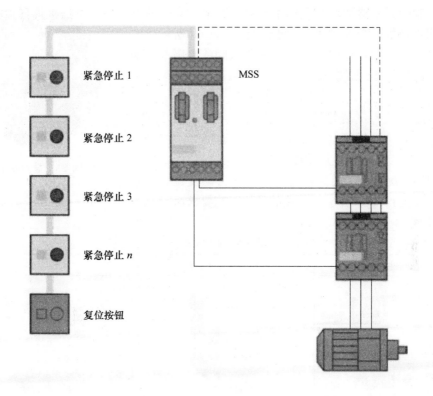

图 4-19　急停功能

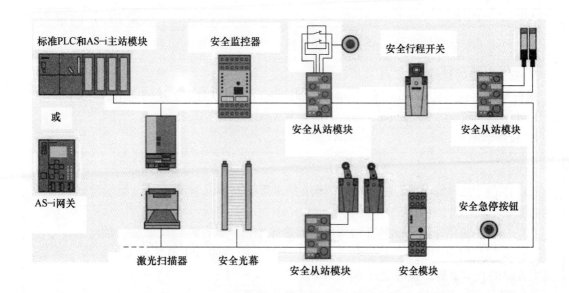

图 4-20　ASIsafe 网络拓扑图

3. 工作原理

模块化安全系统对连接在 AS-I 上的双通道紧急停止控制装置进行监测。当其中某一个紧急停止控制装置被激活后，模块化安全系统采用安全的方式断开使能回路（即安全输出回路处于闭合状态）和所连接的接触器（有些机器可能还要同时断开安全双联阀或电磁阀，如机械式压力机或塑料注射成型机）。可达到的最高安全等级（见图 4-21）。

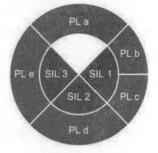

图 4-21　最高安全等级

如果紧急停止控制装置已经断开，且反馈回路已经闭合，则可以按下"复位"按钮重新启动设备。重起前必须先进行复位，即只有进行复位后，重启功能才能执行。

至于何种情况下应采用何种复位方式（自动复位、手动复位、可监控复位），视具体应用行业的具体工艺要求而定。

4. 安全组件（见表 4-6）

表 4-6　安全组件

紧急停止控制装置	模块化安全系统	接触器
注：急停按钮采用一个双通道输入方式		注：执行装置采用双通道输出方式

> 注：除了安全组件之外，AS-i 网络还要求有 AS-i 主站和 AS-i 电源。

5. 安全功能的计算

通过安全评价工具（Safety Evaluation Tool，SET），可以对于上述的应用进行验证。（http：//support. automation. siemens. com/WW/view/en/73133559）

6. 应用示例

> 注：
> 1. 示例中的 ASIsafe 安全型的从站模块并未指明具体品牌和型号，但尽量选取有代表性的型号。
> 2. 示例中必须采用强制断开结构设计的急停按钮、执行装置（如接触器）。
> 3. 实际使用中，使用者必须参考 ASI 生产厂商提供的 ASI 系统的关于安装、调试、应用方面的技术手册，再确定具体的接线方式。
> 4. 安全系统上电前，必须确认连接方式的正确性。
> 5. 示例中所示的连接方法经常被应用在相对而言安全技术要求较高的应用场合。

在图 4-22 中，急停按钮信号（注：两个触头模块各自带有一个常闭触头，形成冗余的结构）接入 ASIsafe 安全型从站模块的输入端 1/2 和 3/4，也就是说，按下急停按钮后，ASIsafe 的安全监控器通过从站的输入端子监测急停按钮信号的变化，根据预先组态的逻辑架构输出结果，切断相应的安全输出，从而使相关的受控装置能够可靠地执行预期的运行动作。

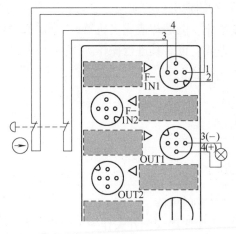

同时，非安全的输出 OUT1 的 3/4 端子连接的指示灯将指示当前的状态。

图 4-22　急停应用示例

4.3　防护门监测

4.3.1　简介

本节以安全防护门为例，介绍带有分离式保护装置（如安全开关和操动头）的应用，如图 4-23 所示。

工厂和机械工业领域的工作现场，经常会有人/机混杂的情况。最常用的解决方案是采用能够可靠地实现人/机隔离的保护装置（即安全防护门）对危险区域进行防护。其目的在于监测由于非工作需要而接触某台机器或机器的部件，从而产生误动作，以及阻止在保护装置未闭合（如安全门没有关闭）的情况下机器进入危险运行状态，从而造成不必要的伤害。

除了采用常见的基于电磁技术或 RFID 技术的非接触型安全门开关之外，也可以采用机械式行程开关或安全门开关对需要采取保护措施的机器进行监测。

此外，防护门监测技术常常与闭锁机构组合起来一起使用。带有闭锁机构的联锁装置用于防止人员意外地进入危险区域。通常有以下两个原因：

1）防止由于机器的运动超过设定的行程、高温等原因对于人员可能造成的伤害。对于联锁装置的设计和选型，标准"ISO 14119 机械安全 带有联锁装置的保护装置 设计和选择原则"或"EN 1088 机械安全 带有联锁装置的保护装置 设计和选择原则"（即" GB/T 18831—2010 机械安全 带有联锁装置的保护装置 设计和选择原则"）提供了相关的指导性原则。这些标准指出：除非机器的危险运行已经停止，否则不得接近危险区域。

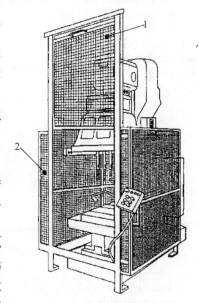

图 4-23　防护门应用示例
1—带互锁装置的可移动安全门
[必须考虑安全控制回路（如安全开关、安全继电器等）]
2—固定的安全门

2）对闭锁机构的使用源于过程安全。类似情况时有发生：保护装置打开后，危险运动已经被中止，但是却造成了机器或工件的损坏。这种情况下，首先应考虑将机器转至某种受控停止方式，再对其进行操作。

安装的注意事项：

对于带有独立操动头的安全开关，且需要精确定位的巨大且沉重的防护门，需要使用导向装置。

⚠警告：

1. 伤害的风险。
2. 不能使用安全开关作为一个限位开关，因为可能会导致开关的损坏。

---

1. 行程开关

行程开关通常用作防护门上的强制动作开关。防护门打开时，行程开关被激活且可靠地处于断开状态（见第 2 章 第 2.2 节 典型安全控制技术"强制断开结构"的相关内容）。

常见的行程开关根据用途的不同，有多种形式：

1）圆形柱塞式（见图 4-24）

①应用场合：门监测、最终停止监测。

②安装注意事项：只能沿着行程方向运动；圆形柱塞和滚轴柱塞都有一个超程，因此执行器的行程超过了其他的执行机构。

2）滚轴柱塞式（见图 4-25）

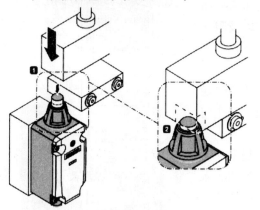
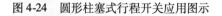
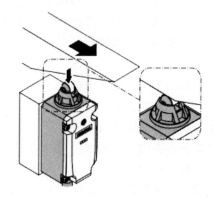

图 4-24　圆形柱塞式行程开关应用图示　　　图 4-25　滚轴柱塞式行程开关应用图示

①应用场合：传送带、装配线、推拉门。

②安装注意事项：沿着行程方向运动；沿着垂直于行程方向运动；圆形柱塞和滚轴柱塞都有一个超程，因此执行器的行程超过了其他的执行机构；对于横向运动和相对较长行程距离的情况，应推荐采用滚轴柱塞式行程开关。

3）滚轴摇臂式（见图 4-26）

①应用场合：凸轮盘。

②安装注意事项：以没有额外润滑的凸轮、棒或凸轮盘形式，特别适用于由精细研磨钢制作的执行元件；接近角度 = 轨迹角度，最大 30°；每个执行器可以达到 90°。

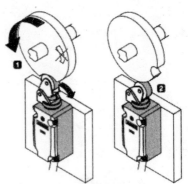

4）斜角滚轴摇臂式（见图4-27）

①应用场合：安装在密闭空间中。

②安装注意事项：以没有额外润滑的凸轮、棒或凸轮盘形式，特别适用于由精细研磨钢制作的执行元件；最高接近速率 = 2.5m/s；不同的接近角度（a = 90°）或轨迹角度（g = 45°）。

5）弹簧棒式（见图4-28）

①应用场合：包装输送机系统。

②安装注意事项：可以任意接近方向接近；有棱角物体的接近（例如包裹）；不可预知的触动。

图 4-26 滚轴摇臂式
行程开关应用图示

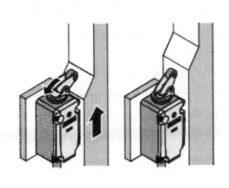

图 4-27 斜角滚轴摇臂式
行程开关应用图示

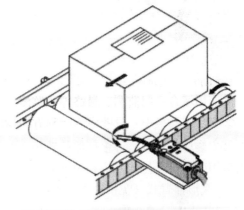

图 4-28 弹簧棒式行程开关应用图示

6）双向摇臂式（见图4-29）

①应用场合：传送带、装配线、门监测。

②安装注意事项：最高接近速度（v = 1.5m/s）；许多可能得路径；对油、粉末、污垢、粗糙的材料不敏感；在双向摇臂的应用中，最大的接近角度等同于最大的轨迹角度；双向摇臂可能有 10°的偏移量；从右、从左或从右/左方向操作，可选。

7）可调整高度双向摇臂式（见图4-30）

①应用场合：接近的高度间距是变化的；传送带、装配线；如果由于技术原因，执行元件的方法和角度无法达到。

②安装注意事项：许多可能得路径；对油、粉末、污垢、粗糙的材料不敏感；在双向摇臂的应用中，最大的接近角度等同于最大的轨迹角度；双向摇臂可能有 10°的偏移量；从右、从左或从右/左方向操作，可选。

8）可调整高度棒形摇臂式（见图4-31）

①应用场合：接近的高度间距是变化的，例如传送带、装配线；由于技术原因，当行程

开关和执行元件间的距离很长时。

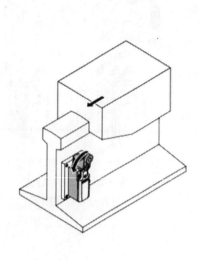

图 4-29　双向摇臂式行程开关应用图示

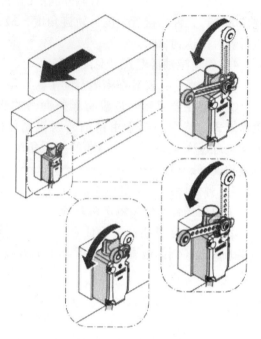

图 4-30　可调整高度双向摇臂
式行程开关应用图示

②安装注意事项：许多可能的路径；对油、粉末、污垢、粗糙的材料不敏感；如果由于技术原因，执行元件的方法和角度无法达到；无线可调。

9）叉形摇臂式（见图 4-32）

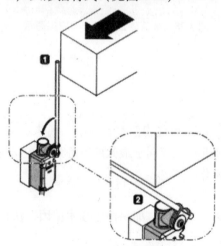

图 4-31　可调整高度棒
形行程开关应用图示

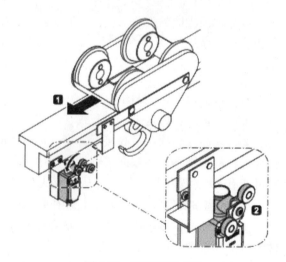

图 4-32　叉形摇臂式行
程行程开关应用图示

①应用场合：起重机、起重机行车。

②安装注意事项：针对往复运动；能够在两个方向操作；自锁装置。

⚠警告：

1. 伤害的风险。
2. 叉形杆的动作被锁闭后，必须重启。

注意：执行器不适用于安全回路。

2. 机械式安全开关

1）机械式安全开关（带独立执行器/操动头）（见图 4-33）

由于安全的原因，带有独立操动头、而没有闭锁机构的机械式安全开关必须被用于门、盖子或防护隔栅的位置监测。

与行程开关不同的是，不能简单地绕过安全开关。仅能采用与所采用的安全开关本体配套的独立执行器/操动头对安全开关进行操作。

a）应用场合：根据应用的需要，确定不同的开关类型。

b）防干扰行程开关：带有独立操动头的防干扰行程开关，用于监测防护门。

c）操动头：

①通常适应来自 4 个径向（4×90°）动作的应用；

②也可能适应来自 4 个轴向（4×90°）动作的应用；

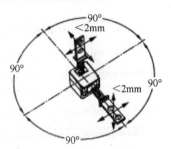

图 4-33　操动头的安装角度和安装方向示意图

③操动头是机械编码式的，可以预防通过手或工具对开关的干预。

2）机械安全开关（带闭锁机构）

带有闭锁机构的安全开关是一种特殊的安全工程装置。在危险状态占主导地位时，它可以防止意外地或故意地打开防护门或其他防护盖、防护罩等机械联锁装置（例如机器超程）。采用这类开关，借助独立的执行器，还可以实现独立于闭锁机构的位置检测功能。

闭锁机构通常采用的技术：

①弹簧闭锁（失电闭锁原理），当操动头/操动头准确插入时，安全门自动锁定。通过提供电源，使螺线管解锁，安全门能够被打开。且通常集成如下功能：辅助释放、钥匙操作释放、急停释放、逃逸释放（见图 4-34）。

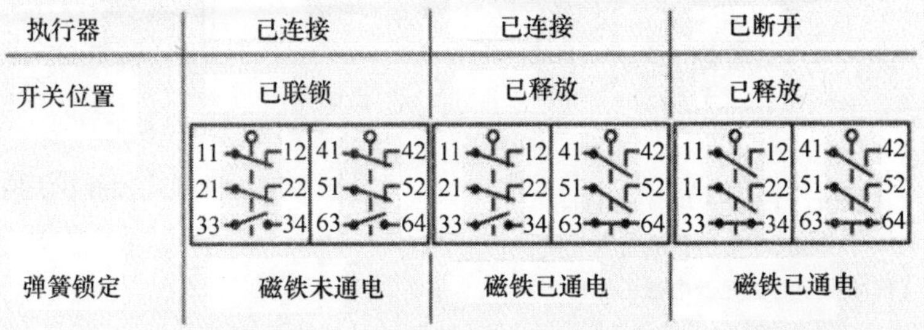

执行器	已连接		已连接		已断开	
开关位置	已联锁		已释放		已释放	
	11—12	41—42	11—12	41—42	11—12	41—42
	21—22	51—52	21—22	51—52	11—22	51—52
	33—34	63—64	33—34	63—64	33—34	63—64
弹簧锁定	磁铁未通电		磁铁已通电		磁铁已通电	

图 4-34　弹簧锁定的触头状态示意图

②电磁闭锁（得电闭锁原理），只有当电源供给螺线管时，闭锁机构才被激活，安全门处于锁定状态。如果失电或触发错误，安全门能够被打开（见图4-35）。

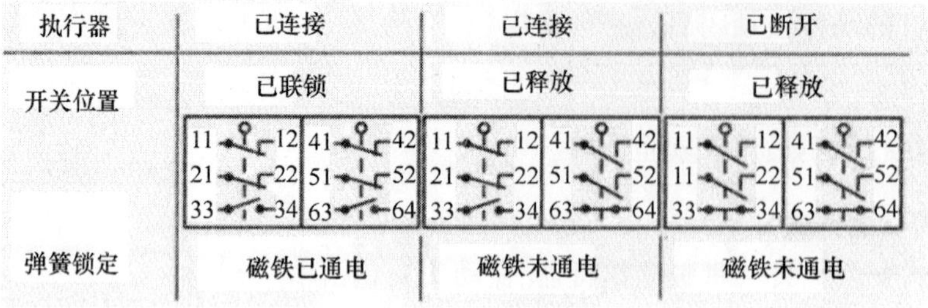

执行器	已连接		已连接		已断开	
开关位置	已联锁		已释放		已释放	
	11 12 21 22 33 34	41 42 51 52 63 64	11 12 21 22 33 34	41 42 51 52 63 64	11 12 11 22 33 34	41 42 51 52 63 64
弹簧锁定	磁铁已通电		磁铁未通电		磁铁未通电	

图4-35 电磁闭锁的触头状态示意图

3. 带有/不带闭锁机构的机械式安全开关的典型应用（见图4-36）

应用示例：

①旋转的大门；

②门、盖子或者防护隔栅的位置监测（不带闭锁机构）；

③工作区的防护（带闭锁机构）；

④机器要求的停机，此时安全门处于关闭状态（带闭锁机构）；

⑤额外的联锁要求，例如在机器人系统的工作区。

1）机械安全开关（铰链开关）

铰链开关用于必须对例如门或盖板等旋转式保护装置的位置进行监测的场合（见图4-37）。

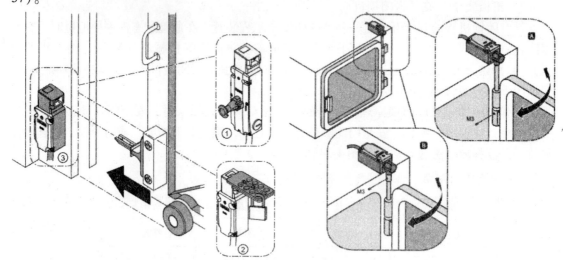

图4-36 机械式安全门开关应用示意图
①—带有闭锁机构（例如用于防护门的安全互锁）
②—带有锁孔（例如用于防护无意中做出的行为）
③—不带闭锁机构（例如用于监测防护门）

图4-37 机械式铰链开关应用示意图

①应用场合：用于铰链门和翻板的监测，通常在开关和铰链间设计有用于连接的、固定的强制闭锁机构。

②安装注意事项：防干扰；非常低的电流负载≤40mA，可以直接连接到 AS-interface 网络。

2）非接触式安全开关（电磁控制开关）

电磁控制开关由一个编码线圈和一个开关元件组成。其用途是安装在移动式保护设备上使用。这类开关采用密闭式设计，尤其适用于含有大量污染物、清洁剂或消毒剂的区域。

3）非接触式安全开关（RFID）

应用了无线射频识别（Radio Frequency Identification Devices，RFID）技术的安全开关，由一个非接触式编码安全开关和与之配套使用的 RFID 执行器组成。

基于 RFID 技术的非接触式安全开关通常采用 DC 24V 供电，供电通常只能由安全评估单元来提供。其输出信号是电子式的，就像安全光幕和光栅一样，因此与之配合使用的安全评估单元也必须具备处理该类信号的能力。

这类开关的功能极其丰富，尤其适用于极端环境条件的区域。这些开关的电气工作原理使得它们非常适用于金属加工机械。与机械开关相比，这类开关的转换时间间隔较大，因此其安装误差更好，且具备各种丰富的诊断功能。由于分别对开关和执行器进行编码，因此还具备最大程度的防干预能力。

4. 典型应用

防护门由评估单元（如安全继电器）通过带强制断开触头的行程开关进行监测。根据标准 EN 60204-1 的停止类别 0 的要求，若防护门处于打开状态，则评估单元通过安全输出断开所连接的执行器。若防护门处于关闭状态，则在完成对行程开关和所连接的接触器的检查之后执行自动复位。对于手动复位的情况下，必须激活"复位"按钮才启动。

> 注：
> 1. 行程开关必须安装在不会因其他物体接近或经过时，可能损坏该行程开关的位置。因此，行程开关不能用来作为设备停止装置。
> 2. 必须对传感器电缆进行保护；必须只能使用带有强制断开触头的安全传感器（如行程开关、安全开关等）。
> 3. 闭锁机构是一个简单且独立的安全功能，可以与借助行程开关实现的防护门监测的安全功能并列使用。该控制装置所要求的安全完整性可以比针对防护门监测的风险评价结果低一个等级。（原因：可以或多或少地排除两个安全功能同时失效的可能性。例如，防护门监测所要求的安全等级为 PL d（类别 3）或 SIL 2 时，则可以采用安全等级 PL c（类别 1）或 SIL 1 实现闭锁机构的控制功能。

5. 串联连接的条件

如果可以确保不会经常性地同时打开多个防护门，则在安全等级不超过 PL d/Cat. 3（根据标准 ISO 13849-1/EN 954-1）或 SIL 2（根据标准 IEC 62061）时，可以采用串联方式连接多个行程开关（见图 4-38）。对于安全等级 PL e/Cat. 4（根据标准 ISO 13849-1/EN 954-1）或 SIL 3（根据标准 IEC 62061），不得使用串联连接方式。

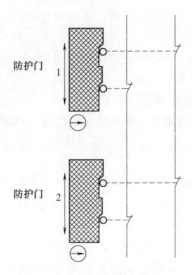

图4-38　行程开关串联应用示意图

6. 行程检测单元的可能组合和可以实现的安全等级

本章节中的应用示例只是描述了一小部分能够合理组合使用的检测单元。同时，表4-7中简明地列出了依据位置检测的给定方法可以达到的最高安全等级。

表4-7　采用机械开关实现安全位置监测

评估单元		行程开关	安全开关、铰链开关	安全开关（带独立执行器/操动头）	安全开关（带可选闭锁机构功能）
采用一个行程开关可以达到的安全等级	监测1个常闭触头	SIL 1/PL c	SIL 1/PL c	SIL 1/PL c	SIL 1/PL c
	监测2个常闭触头或1个常闭+1个常开触头	SIL 2/PL d	SIL 2/PL d	SIL 2/PL d	SIL 2/PL d
采用两个行程开关可以达到的安全等级	行程开关	SIL 3/PL e	SIL 3/PL e	SIL 3/PL e	SIL 3/PL e
	安全开关、铰链开关	SIL 3/PL e	SIL 3/PL e	SIL 3/PL e	SIL 3/PL e

（续）

评估单元			行程开关	安全开关、铰链开关	安全开关（带独立执行器/操动头）	安全开关（带可选闭锁机构功能）
采用两个行程开关可以达到的安全等级	安全开关（带独立执行器）		SIL 3/PL e	SIL 3/PL e	SIL 3/PL e	SIL 3/PL e
	安全开关（带可选闭锁机构功能）		SIL 3/PL e	SIL 3/PL e	SIL 3/PL e	SIL 3/PL e

示例1：

采用两个机械式安全开关（带独立执行器/操动头）组合使用的方式，可以实现的最高安全等级为 PL e 或 SIL 3（见表4-8）。

示例2：

采用一个机械式安全开关（如铰链开关）的方式，可以实现最高 PL d 或 SIL 2 的安全等级（见表4-8）。

表4-8 安全防护门闭锁机构

安全评估单元	安全开关	
	带闭锁机构的安全开关 	带闭锁机构的安全开关 
 模块化安全系统	SIL 2/PL d	SIL 3/PL e
 安全继电器	SIL 2/PL d	SIL 3/PL e

注：

1. 通常，强制动作意味着防护装置的设计必须确保采用这种类型的行程开关。表4-8 中所列出的值也仅在该条件下才允许。

2. 在不考虑某些故障的前提下（例如执行器/操动头出现断裂），表4-8 中对于仅采用一个铰链开关或者一个带独立执行器的开关可以实现的最高安全等级是 SIL 2 或 PL d，做了合理的描述。在机器制造商为其故障排除功能提供证明材料之前的这一段时间里，部件制造商没有办法对其所采取的措施进行明确的评估。

3. 对于采用机电式传感器实现的双通道设计，必须通过评估单元向这些传感器供电才能实现安全等级 SIL 3 或 PL e。只有这样，才能确保诊断功能的实现。

示例3：

采用非接触式安全开关实现安全位置监测，可以实现最高安全等级为 PLe 或 SIL3（见表4-9）。

表4-9　采用非接触式安全开关实现安全位置监测

安全评估单元	检测单元 非接触式安全开关	
	电磁控制开关	RFID 安全开关
 安全继电器	SIL 3/PL e	SIL 3/PL e
 模块化安全系统	SIL 3/PL e	SIL 3/PL e

注：可以实现的安全等级还取决于所用安全评估单元的具体型号（尤其是安全评估单元的诊断功能）。

4.3.2 采用安全继电器实现安全等级为 SIL 1 或 PL c 的防护门监测功能

1. 应用

防护门经常被用来隔离危险区域。防护门监测功能通常用于位置监测，以及必要时关闭危险源所在的区域。

2. 设计

防护门功能如图 4-39 所示。

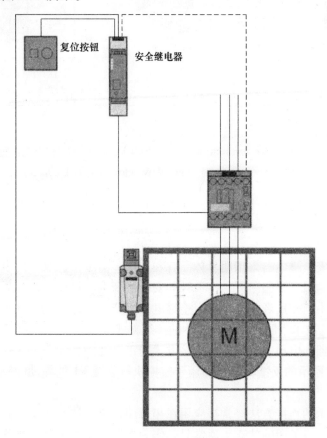

图 4-39 防护门功能

3. 工作原理

通过安全开关的触头监测防护门的位置。被监测的防护门打开时，安全继电器开始动作并断开使能回路（即安全输出回路处于闭合状态），以安全的方式断开所连接的接触器。可达到的最高安全等级（见图 4-40）。

如果门已经关闭，且反馈回路已经闭合，则可以按下"复位"按钮再次接通所连接的接触器和使能回路（即安全输出回路处于闭合状态），使设备具备起动条件。

至于何种情况下应采用何种复位方式（自动复位、手动复位、可监控复位），视具体应用行业的具体工艺要求而定。

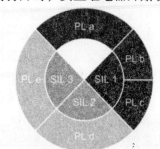

图 4-40 最高安全等级

4. 安全组件（见表 4-10）

表 4-10　安全组件

安全开关	安全继电器	接触器
注：防护门监测采用一个单通道输入方式		注：执行装置采用一个单通道输出方式

5. 安全功能的计算

通过安全评价工具（Safety Evaluation Tool，SET），可以对于上述的应用进行验证。（http：//support. automation. siemens. com/WW/view/en/73135973）

6. 应用示例

示例一：

注：

1. 示例中的安全继电器未指明具体品牌和型号，但尽量选取有代表性的型号。

2. 示例中必须采用强制断开结构设计的安全门开关、执行装置（如接触器）。

3. 实际使用中，使用者必须参考安全继电器生产厂商提供的具体型号产品的关于安装、调试、应用的技术手册，再确定具体的接线方式。

4. 安全继电器上电前，必须确认连接方式的正确性。

5. 图 4-41 中所示的反馈回路（即用于监控执行装置 K1 的辅助触头）接入接线端子 Y1/Y2 之间。

6. 示例中所示的连接方法经常被应用在相对而言安全技术要求较低的应用场合。

7. 防护门打开或关闭的状态，通常只是作为机器起动的一个必要条件。

在图 4-41 中，安全门开关的一个常闭触头直接接入安全继电器的供电端（即 24V AC/DC 电源和安全继电器的接线端子 A1 之间），也就是说，打开防护门时，通过直接切断供电电源的方式使安全继电器失电，切断安全输出，即 13/14、23/24、33/34 将保持断开的状态。其中的 13/14 控制的 K1 线圈失电，K1 的主触头切断主回路，从而使受控的装置 M（可能是整台机器，也可能是机器的部分运动部件）可靠地停止运行。同时，辅助触头 41/42 保持闭合的状态，状态指示灯 H1 也随之保持常亮的状态，可起到警示的作用。

如果机器具备了再次投入运行的条件，由于采用了自动复位的方式，当防护门关闭时，安全继电器的安全输出 13/14、23/24、33/34 全部处于闭合的状态，K1 线圈得电，K1 的主触头将使主回路处于导通的状态，受控装置 M 进入正常运行的工作状态。同时，辅助输出 41/42 处于断开状态，状态指示灯 H1 熄灭，表示安全继电器的工作状态正常。

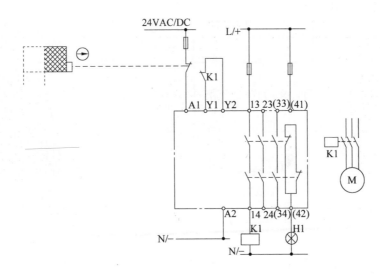

图 4-41 防护门应用示例

示例二:

注:

1. 示例中的安全继电器未指明具体品牌和型号,但尽量选取有代表性的型号。

2. 示例中必须采用强制断开结构设计的安全门开关、执行装置(如接触器)。

3. 实际使用中,使用者必须参考安全继电器生产厂商提供的具体型号产品的关于安装、调试、应用的技术手册,再确定具体的接线方式。

4. 安全继电器上电前,必须确认连接方式的正确性。

5. 图 4-42 中所示的反馈回路(即用于监控执行装置 Q1 ~ Qn 的辅助触头)接入接线端子 Y1/Y2 之间。

6. 示例中所示的连接方法经常被应用在相对而言安全技术要求较低的应用场合。

7. 防护门打开或关闭的状态,通常只是作为机器启动的一个必要条件。

8. 在图 4-42 中,安全继电器的复位方式通过 DIP 开关进行设定,但这个步骤需要在安全继电器上电之前完成。

安全门开关直接接入安全继电器的输入端 IN1(注:同时 IN1/1N3、T2/IN2 需要短接),也就是说,打开防护门时,切断所有的安全输出,即作为安全输出的常开触头,此时将保持断开的状态。其中受控的执行装置 Q1 ~ Qn 线圈全部失电,Q1 ~ Qn 的主触头将分别切断各自控制的装置的主回路,从而使多个受控装置 M(可能是机器的多个运动部件)可靠地停止运行。

如果机器具备了再次投入运行的条件,由于采用了自动复位的方式,则在关闭防护门(即常闭触头处于闭合的状态)后,安全继电器的安全输出全部处于闭合的状态,Q1 ~ Qn 线圈全部得电,Q1 ~ Qn 的主触头将分别使各自控制的装置的主回路处于导通的状态,多个受控装置 M 进入正常运行的工作状态。

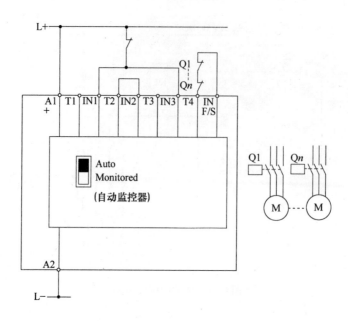

图 4-42　防护门应用示例

示例三：

> 注：
> 1. 示例中的安全继电器未指明具体品牌和型号，但尽量选取有代表性的型号。
> 2. 示例中必须采用强制断开结构设计的安全门开关、执行装置（如接触器）。
> 3. 实际使用中，使用者必须参考安全继电器生产厂商提供的具体型号产品的关于安装、调试、应用的技术手册，再确定具体的接线方式。
> 4. 安全继电器上电前，必须确认连接方式的正确性。
> 5. 图 4-43 中所示的反馈回路（即用于监控执行装置 $Q1 \sim Qn$ 的辅助触头）接入接线端子 Y1/Y2 之间。
> 6. 示例中所示的连接方法经常被应用在相对而言安全技术要求较低的应用场合。
> 7. 防护门打开或关闭的状态，通常只是作为机器启动的一个必要条件。
> 8. 在图 4-43 中，安全继电器的复位方式通过 DIP 开关进行设定，但这个步骤需要在安全继电器上电之前完成。

工作原理可参考示例一。

4.3.3　采用模块化安全系统实现安全等级为 SIL 1 或 PL c 的防护门监测功能

1. 应用

防护门经常被用来隔离危险区域。防护门监测功能通常用于位置监测，以及必要时关闭危险源所在的区域。

2. 设计（见图 4-44）

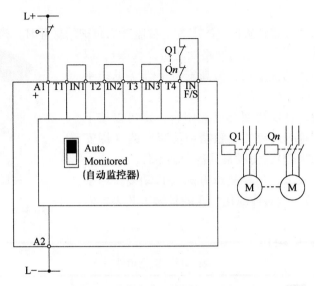

图 4-43 防护门应用示例

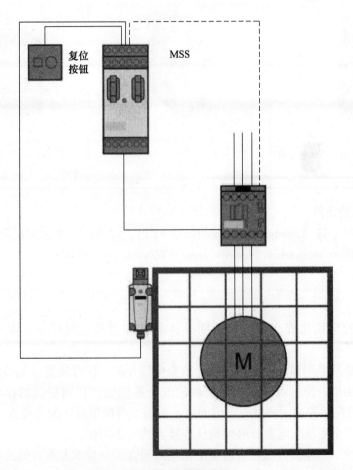

图 4-44 防护门功能

3. 工作原理

通过安全开关的触头监测防护门的位置。被监测的防护门打开时，模块化安全系统开始动作并断开使能回路（即安全输出回路处于闭合状态），以安全的方式断开所连接的接触器。最高安全等级（见图 4-45）。

如果门已经关闭，且反馈回路已经闭合，则可以按下"复位"按钮再次接通所连接的接触器和使能回路（即安全输出回路处于闭合状态），使设备具备启动条件。

至于何种情况下应采用何种复位方式（自动复位、手动复位、可监控复位），视具体应用行业的具体工艺要求而定。

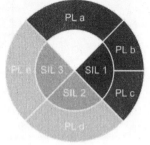

图 4-45　最高安全等级

4. 安全组件（见表 4-11）

表 4-11　安全组件

安全开关	模块化安全系统	接触器
注：防护门监测采用一个单通道输入方式		注：执行装置采用一个单通道输出方式

5. 安全功能的计算

通过安全评价工具（Safety Evaluation Tool，SET），可以对于上述的应用进行验证。（http：//support. automation. siemens. com/WW/view/en/69064060）

6. 应用示例

　注：

　1. 示例中的模块化安全系统未指明具体品牌和型号，但尽量选取有代表性的型号。

　2. 示例中必须采用强制断开结构设计的安全门开关、执行装置（如接触器）。

　3. 实际使用中，使用者必须参考模块化安全系统生产厂商提供的模块化安全系统的、相应型号的关于安装、调试、应用的技术手册，再确定具体的接线方式。

　4. 模块化安全系统上电前，必须确认连接方式的正确性。

　5. 示例中所示的连接方法经常被应用在相对而言安全技术要求较低的应用场合。

　6. 防护门打开或关闭的状态，通常只是作为机器设备起动的一个必要条件。

在图 4-46 中，安全门开关信号接入模块化安全系统的输入端 T1/IN5（注：T1 是系统自动提供的一个测试脉冲信号，用于诊断功能），也就是说，打开防护门后，模块化安全系统监测到输入端的安全输入信号发生了变化，根据预先组态的逻辑架构输出结果，切断继电器型安全输出 Q1.1/Q1.2 和电子式安全输出 Q2。使线圈 Q1 和 Q2 失电，从而使 Q1 和 Q2 控制的相关装置可靠地停止运行。

如果机器具备了再次投入运行的条件，则在关闭防护门的前提下，通过按下接在 T1/IN1 间的手动复位按钮，触发模块化安全系统内部的逻辑块的输入端，就会使受控装置具备再次运行的条件。此时，安全输出端所连接的线圈 Q1 和 Q2 就会根据逻辑结果进行预期的运行动作。

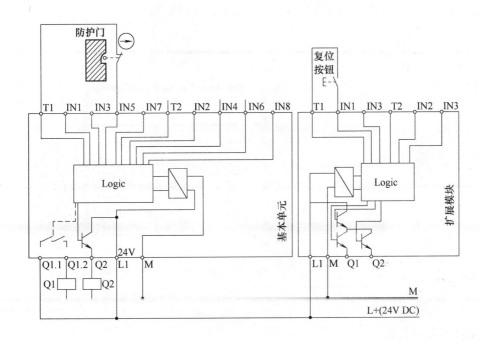

图 4-46 防护门应用示例

注：相关应用需要应用安全控制系统的专用的组态软件进行组态。

4.3.4 采用安全继电器实现安全等级为 SIL 3 或 PL e 的防护门监测功能

1. 应用

防护门经常被用来隔离危险区域。防护门监测功能通常用于位置监测，以及必要时关闭危险源所在的区域。

2. 设计（见图 4-47）

3. 工作原理

采用两个安全开关监测防护门的位置，一个带有常闭触头（断开触头），由防护门以强

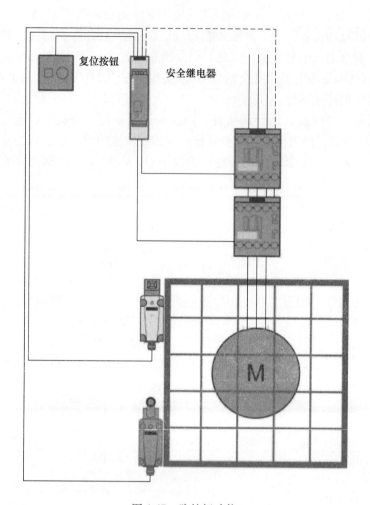

图 4-47　防护门功能

制模式致动，另一个带有常开触头（闭合触头），由防护门以非强制模式致动（见图 4-47）。

被监测的防护门打开时，安全继电器开始动作并断开使能回路（即安全输出回路处于闭合状态），以安全的方式断开所连接的接触器。可达到的最高安全等级（见图 4-48）。

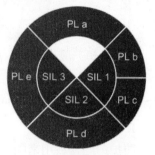

　　如果门已经关闭，且反馈回路已经闭合，则可以采用"启动"按钮再次接通所连接的接触器和使能回路（即安全输出回路处于闭合状态），使设备具备启动条件。

　　至于何种情况下应采用何种复位方式（自动复位、手动复位、可监控复位），视具体应用行业的具体工艺要求而定。

图 4-48　最高安全等级

　　4. 安全组件（见表 4-12）

　　5. 安全功能的计算

通过安全评价工具（Safety Evaluation Tool，SET），可以对于上述的应用进行验证。（http：//support. automation. siemens. com/WW/view/en/73135309）

表 4-12 安全组件

行程开关		安全继电器	接触器
注：防护门监测采用两个单通道输入方式			注：执行装置采用两个单通道输出方式

6. 应用示例

示例一：

注：
1. 示例中的安全继电器未指明具体品牌和型号，但尽量选取有代表性的型号。
2. 示例中必须采用强制断开结构设计的安全门开关、执行装置（如接触器）。
3. 实际使用中，使用者必须参考安全继电器生产厂商提供的具体型号产品的关于安装、调试、应用的技术手册，再确定具体的接线方式。
4. 安全继电器上电前，必须确认连接方式的正确性。
5. 防护门打开或关闭的状态，通常只是作为机器启动的一个必要条件。
6. 示例中所示的连接方法经常被应用在相对而言安全技术要求较高的应用场合。

在图 4-49 中，一个行程开关和一个安全门开关（注：两个器件各自带有一个常闭触头，形成冗余的结构）同时接入安全继电器的输入端 T1/IN1 和 T2/IN，也就是说，当打开防护门时，安全继电器监测到安全输入信号的变化，切断安全输出，即 13/14、23/24、33/34 将保持断开的状态。其中的 13/14、23/24 控制的 Q1、Q2 线圈失电。由于 Q1 和 Q2 的主触头是串接接入了主回路，从而使受控的装置 M（可能是整台机器，也可能是机器的部分运动部件）可靠地停止运行。由于采用了主触头串接的方式，这样的冗余结构设计使得切断的可靠性大大提高。

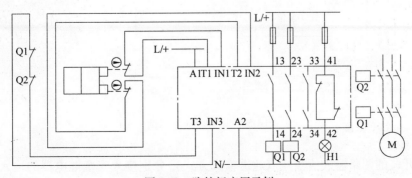

图 4-49 防护门应用示例

同时，辅助触头41/42保持闭合的状态，状态指示灯H1也随之保持常亮的状态，起到警示的作用。

如果机器具备了再次投入运行的条件，由于采用的是自动复位的方式，因此当防护门关闭时，安全继电器的安全输出13/14、23/24、33/34将全部闭合，Q1、Q2线圈得电，Q1、Q2的主触头闭合后将使主回路处于导通的状态，受控装置M进入正常运行的工作状态。同时，辅助输出41/42处于断开状态，状态指示灯H1熄灭，表示安全继电器的工作状态正常。

示例二：

注：

1. 示例中的安全继电器未指明具体品牌和型号，但尽量选取有代表性的型号。

2. 示例中必须采用强制断开结构设计的安全门开关、执行装置（如接触器）。

3. 实际使用中，使用者必须参考安全继电器生产厂商提供的具体型号产品的关于安装、调试、应用的技术手册，再确定具体的接线方式。

4. 安全继电器上电前，必须确认连接方式的正确性。

5. 防护门打开或关闭的状态，通常只是作为机器启动的一个必要条件。

6. 示例中所示的连接方法经常被应用在相对而言安全技术要求较高的应用场合。

7. 在图4-50中，安全继电器的工作方式通过DIP开关进行设定，但这个步骤需要在安全继电器上电之前完成。

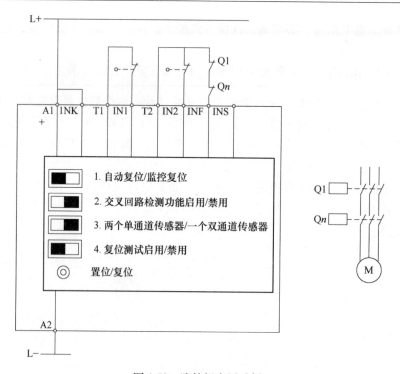

图4-50　防护门应用示例

安全门开关的两路输入信号（双通道输入方式）分别接入安全继电器的输入端T1/IN1和T2/IN2。打开防护门（注：理论上是安全门开关的两个常闭触头同时断开；但由于触头的粘连或短路，有可能发生一个通道无法切断的状态）后，通过安全继电器切断所有的安全输出，即作为安全输出的常开触头，此时将保持断开的状态。其中执行装置 $Q1 \sim Qn$ 线圈全部失电，$Q1 \sim Qn$ 的主触头将分别切断各自控制的装置的主回路，从而使多个受控装置 M（可能是机器的多个运动部件）可靠地停止运行。

如果机器具备了再次投入运行的条件，由于采用了自动复位的方式，则当关闭防护门（即常闭触头处于闭合的状态）时，安全继电器的安全输出全部处于闭合的状态，$Q1 \sim Qn$ 线圈全部得电，执行装置全部的主触头 $Q1 \sim Qn$ 处于闭合的状态，使主回路导通，受控装置 M 将再次投入运行。

值得注意的是，执行装置 $Q1 \sim Qn$ 的辅助触头必须串联，作为反馈回路根据技术手册进行接线。

4.3.5 采用模块化安全系统实现安全等级为 SIL 3 或 PL e 的防护门监测功能

1. 应用

防护门经常被用来隔离危险区域。防护门监测功能通常用于位置监测，以及必要时关闭危险源所在的区域。

2. 设计（见图4-51）

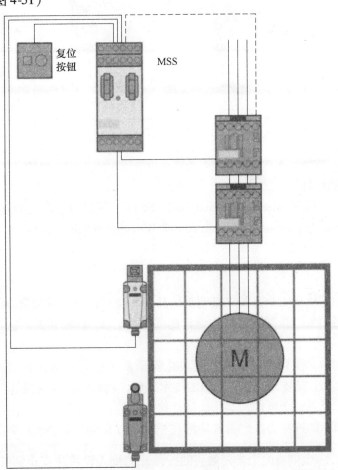

图 4-51　防护门功能

3. 工作原理

采用两个安全开关监测防护门的位置，一个带有常闭触头（动断触头），由防护门以强制模式致动，另一个带有常开触头（动合触头），由防护门以非强制模式致动（见图 4-51）。

被监测的防护门打开时，安全继电器开始动作并断开使能回路（即安全输出回路处于闭合状态），以安全的方式断开所连接的接触器。可达到的最高安全等级（见图 4-52）

如果门已经关闭，且反馈回路已经闭合，则可以采用"复位"按钮再次接通所连接的接触器和使能回路（即安全输出回路处于闭合状态），使设备具备复位条件。

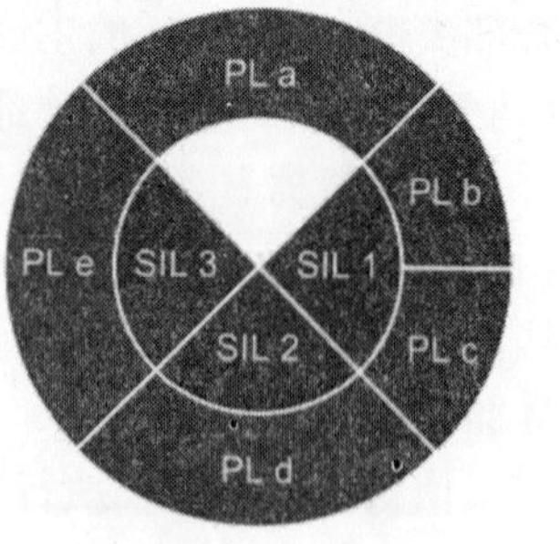

图 4-52　最高安全等级

4. 安全组件（见表 4-13）

表 4-13　安全组件

行程开关		模块化安全系统	接触器

注：防护门监测采用两个单通道输入方式			注：执行装置采用两个单通道输出方式

5. 安全功能的计算

通过安全评价工具（Safety Evaluation Tool，SET），可以对于上述的应用进行验证。（http：//support. automation. siemens. com/WW/view/en/69064861）

6. 应用示例

注：

1. 示例中的模块化安全系统未指明具体品牌和型号，但尽量选取有代表性的型号。

2. 示例中必须采用强制断开结构设计的安全门开关/行程开关、执行装置（如接触器）。

3. 实际使用中，使用者必须参考模块化安全系统生产厂商提供的模块化安全系统的、相应型号的关于安装、调试、应用的技术手册，再确定具体的接线方式。

4. 模块化安全系统上电前，必须确认连接方式的正确性。

5. 示例中所示的连接方法经常被应用在相对而言安全技术要求较高的应用场合。

在图 4-53 中，一个带有两个常闭触头的行程开关接入模块化安全系统的输入端 T1/IN1 和 T2/IN2（注：T1/T2 是系统自动提供的两个不同频率的测试脉冲信号，用于诊断功能），也就是说，打开防护门时，模块化安全系统监测到输入端的安全输入信号发生了变化，根据预先组态的逻辑架构输出结果，切断相应的安全输出，从而使相关的受控装置可靠地执行预期的运行动作。

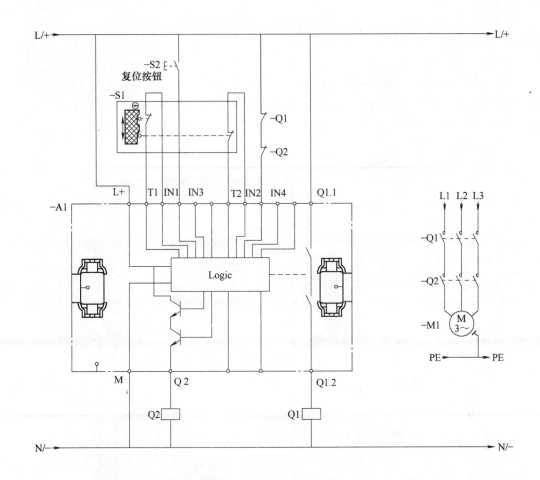

图 4-53 防护门应用示例

如果机器具备了再次投入运行的条件，则在关闭防护门后，按下接在接线端子 IN3 的复位按钮，触发模块化安全系统内部的逻辑块的输入端，就会使受控装置具备再次运行的条件。此时，安全输出端所连接的执行装置就会根据逻辑结果进行预期的运行动作。

执行装置-Q1、-Q2 的辅助触头串联后，接入接线端子 IN4，作为反馈回路。

注：

1. 相关应用需要应用安全控制系统的专用的组态软件进行组态。

2. 组态软件提供了大量的功能块，这些功能块都是经过认证且可以应用于安全应用的，如急停功能块、操作模式功能块、双手控制功能块、防护门功能块，以及逻辑、计时、计数、静音等功能块。

4.3.6 采用模块化安全系统通过 AS-i 实现安全等级为 SIL 3 或 PL e 的防护门监测功能

1. 应用

采用模块化安全系统通过 AS-i 网络监测多个防护门，并控制执行器。

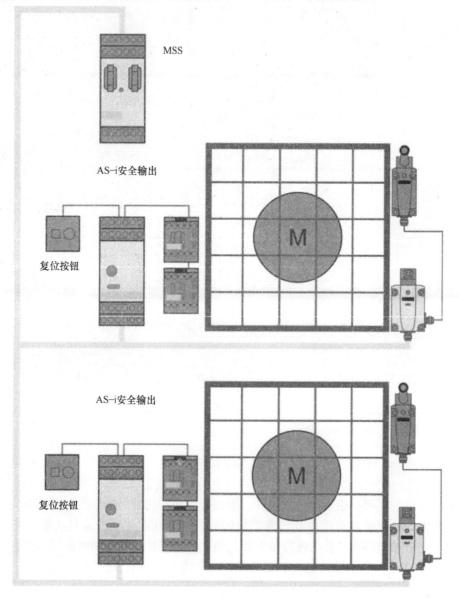

图 4-54　防护门功能

2. 设计（见图 4-54）

3. 工作原理

模块化安全系统监测连接在 AS-i 上的安全开关，并以模拟 AS-i 从站的方式，通过 AS-i

总线发送状态信号。这些模拟从站通过 AS-i 的安全输出进行监测。

当其中某扇防护门被打开时，模块化安全系统将中断相应的状态信号。此后，AS-i 安全输出断开使能回路，并以安全的方式断开所连接的接触器。可达到的最高安全等级（见图 4-55）。

复位按钮和所连接的接触器的辅助触头信号从 AS-i 的安全输出，经过 AS-i 总线发送至模块化安全系统，并在模块化安全系统中进行评估。

如果相应的门已经关闭，且反馈回路已经闭合，则可以按下"复位"按钮再次接通所连接的接触器和使能回路（即安全输出回路处于闭合状态）。

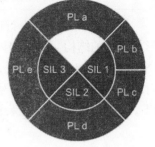

图 4-55　最高安全等级

4. 安全组件（见表 4-14）

表 4-14　安全组件

行程开关	模块化安全系统	AS-i 的安全输出	接触器
注：防护门监测采用两个单通道输入方式			注：执行装置采用两个单通道输出方式

注：

除了安全组件之外，AS-i 网络的运行还要求有 AS-i 主站和 AS-i 电源，以及必要的专用电缆。通常，中继器以及扩展插件为可选件。

5. 安全功能的计算

通过安全评价工具（Safety Evaluation Tool，SET），可以对于上述的应用进行验证。（http：//support. automation. siemens. com/WW/view/en/73135311）

6. 应用示例

注：

1. 示例中的 ASIsafe 安全型的从站模块并未指明具体品牌和型号，但尽量选取有代表性的型号。

2. 示例中必须采用强制断开结构设计的安全门开关/行程开关、执行装置（如接触器）。

3. 实际使用中，使用者必须参考 ASI 生产厂商提供的 ASI 系统的关于安装、调试、应用方面的技术手册，再确定具体的接线方式。

> 4. 安全系统上电前，必须确认连接方式的正确性。
>
> 5. 示例中所示的连接方法经常被应用在相对而言安全技术要求较高的应用场合。

在图4-56中，一个行程开关和一个安全门开关（注：两个器件各自带有一个常闭触头，形成冗余的结构）同时接入模块化安全系统的扩展输入模块的输入端F-IN1.2/F-IN2.2和F-IN1.1/F-IN2.1，也就是说，打开防护门后，ASIsafe的安全监控器通过从站的输入端子监测行程开关和安全门开关信号的变化，根据预先组态的逻辑架构输出结果，切断相应的安全输出，从而使相关的受控装置可靠地执行预期的运行动作。

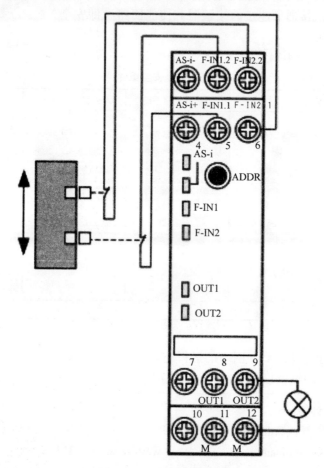

图4-56 防护门应用示例

同时，非安全的输出OUT1的9/12端子连接的指示灯将指示当前的状态。

4.3.7 采用安全继电器通过非接触式安全开关实现安全等级为 SIL 3 或 PLe 的防护门监测功能

1. 应用

防护门经常被用来隔离危险区域。防护门监测功能通常用于位置监测，以及必要时关闭危险源所在的区域。

2. 设计 （见图4-57）

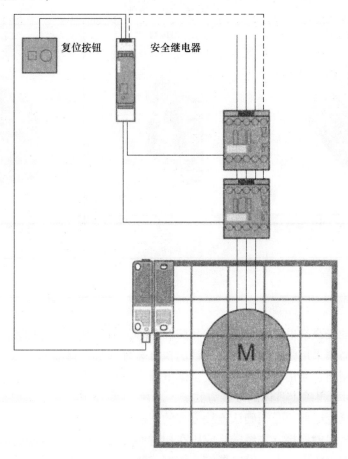

图4-57 防护门功能

3. 工作原理

通过非接触式安全开关监测防护门的位置。

被监测的防护门打开时，安全继电器开始动作并断开使能回路（即安全输出回路处于闭合状态），以安全的方式断开所连接的接触器。可达到的最高安全等级（见图4-58）。

如果门已经关闭，且反馈回路已经闭合，则可以按下"复位"按钮再次接通所连接的接触器和使能回路（即安全输出回路处于闭合状态）。

非接触式安全开关设计有两个内部通道，并集成了诊断功能。由于这个原因，以及RFID技术具有的防损性能，无需采用冗余结构的安全开关，即可实现安全等级 PL e（根据标准 ISO 13849-1）或 SIL 3（根据标准 IEC62061）。

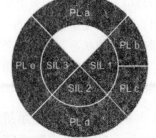

图4-58 最高安全等级

4. 安全组件 （见表4-15）

5. 安全功能的计算

通过安全评价工具（Safety Evaluation Tool，SET），可以对于上述的应用进行验证。

（http：//support. automation. siemens. com/WW/view/en/73134150）

表 4-15　安全组件

非接触式安全开关	安全继电器	接触器
注：防护门监测采用一个双通道输入方式		注：执行装置采用两个单通道输出方式

6. 应用示例

注：

1. 示例中的安全继电器未指明具体品牌和型号，但尽量选取有代表性的型号。

2. 示例中必须采用强制断开结构设计的执行装置（如接触器）。

3. 实际使用中，使用者必须参考安全继电器生产厂商提供的有关安装、调试、应用方面的技术手册，再确定具体的接线方式。

4. 安全系统上电前，必须确认连接方式的正确性。

5. 示例中所示的连接方法经常被应用在相对而言安全技术要求较高的应用场合。

6. 在下面的示例中，安全继电器的工作方式通过 DIP 开关进行设定，但这个步骤需要在安全继电器上电之前完成。

在图 4-59 中，基于 RFID 技术的非接触式安全开关的两个电子式安全输出 OSSD1/OSSD2 分别接入安全继电器的 IN1/IN2。当防护门打开时，安全开关的两个电子式安全输出由高电平信号转变为低电平信号。当安全继电器监测到信号的变化时，将切断全部的安全输出，其中由安全输出 13/14、23/24 控制的两个执行装置-Q1、-Q2 的线圈将失电，但主触头保持断开的状态，从而使受控设备可靠地停止运行。

而当防护门关闭时，由于采用了手动复位的方式，如果按下复位按钮-S1，则安全继电器的全部安全输出将保持闭合的状态，从而使受控设备重新投入运行。

4.3.8　采用模块化系统通过非接触式安全开关实现安全等级为 SIL 3 或 PL e 的防护门监测功能

1. 应用

防护门经常被用来隔离危险区域。防护门监测功能通常用于位置监测，以及必要时关闭危险源所在的区域。

2. 设计（见图 4-60）

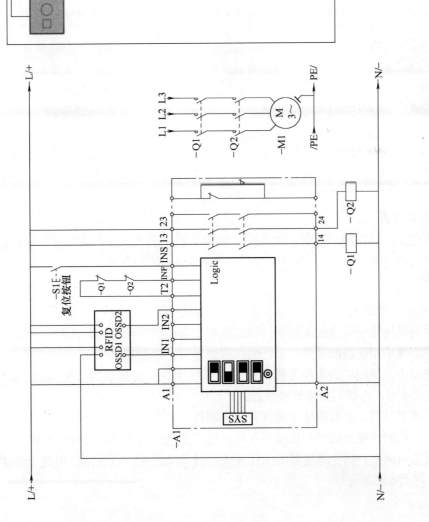

图 4-60 防护门功能

图 4-59 防护门应用示例

3. 工作原理

通过非接触式安全开关监测防护门的位置。

被监测防护门打开时，模块化安全系统开始动作并断开使能回路，以安全的方式断开所连接的接触器。可达到的最高安全等级（见图 4-61）。

如果门已经关闭，且反馈回路已经闭合，则可以按下"复位"按钮再次接通所连接的接触器和使能回路。

非接触式安全开关设计有两个内部通道，并拥有自己的诊断功能。由于这个原因，以及 RFID 技术具有的防损性能，无需采用冗余结构的安全开关，即可实现安全等级 PLe（根据标准 ISO13849-1）或 SIL3（根据标准 IEC62061）。

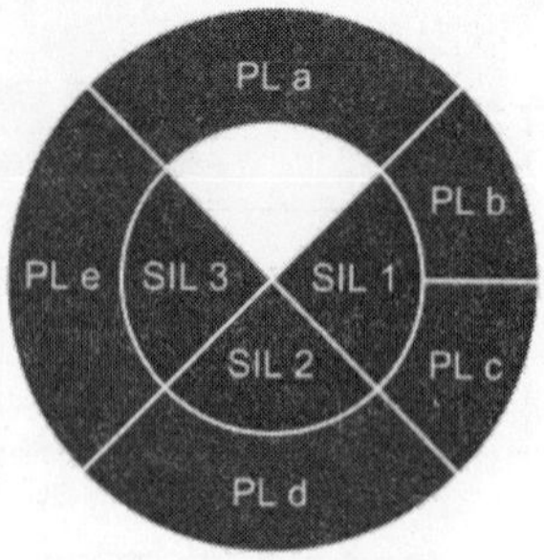

图 4-61　最高安全等级

4. 安全组件（见表 4-16）

表 4-16　安全组件

非接触式安全开关 	模块化安全系统 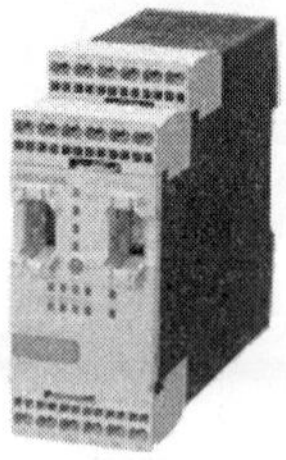	接触器 
注：防护门监测采用一个双通道输入方式		注：执行装置采用两个单通道输出方式

5. 安全功能的计算

通过安全评价工具（Safety Evaluation Tool，SET），可以对于上述的应用进行验证。（http：//support. automation. siemens. com/WW/view/en/69064862）

6. 应用示例

注：

1. 示例中的模块化安全系统未指明具体品牌和型号，但尽量选取有代表性的型号。

2. 示例中必须采用强制断开结构设计的执行装置（如接触器）。

3. 实际使用中，使用者必须参考模块化安全系统生产厂商提供的有关安装、调试、应用方面的技术手册，再确定具体的接线方式。

4. 安全系统上电前，必须确认连接方式的正确性。

5. 示例中所示的连接方法经常被应用在相对而言安全技术要求较高的应用场合。

6. 在下面的示例中，安全继电器的工作方式通过 DIP 开关进行设定，但这个步骤需要在安全继电器上电之前完成。

在图 4-62 中，基于 RFID 技术的非接触式安全开关的两个电子式安全输出 OSSD1/OSSD2 分别接入模块化安全系统的 IN1/IN2。当防护门打开时，安全开关的两个电子式安全输出由高电平信号转变为低电平信号。当模块化安全系统监测到信号的变化时，将切断全部的安全输出，其中由安全输出 13/14、23/24 控制的两个执行装置-Q1、-Q2 的线圈将失电，但主触点保持断开的状态，从而使受控装置可靠地停止运行。

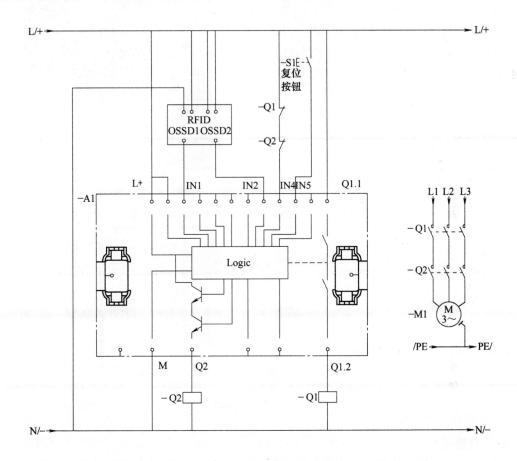

图 4-62　防护门应用示例

而当防护门关闭时，由于采用了手动复位的方式，如果按下复位按钮-S1，则模块化安全系统的全部安全输出将保持闭合的状态，从而使受控装置重新投入运行。

4.3.9　采用安全继电器通过闭锁机构实现安全等级为 SIL 2 或 PL d 的防护门监测功能

1. 应用
防护门经常被用来隔离危险区域。防护门监测功能通常用于位置监测，以及必要时关闭危险源所在的区域。如果断开电源后的机器仍然存在一定的危险性，那么可以采用制动器防止某个时间段进入危险区域。

2. 设计（见图 4-63）

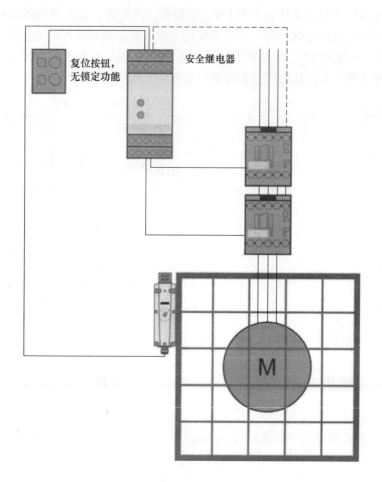

复位按钮，无锁定功能

安全继电器

图 4-63　防护门功能

3. 工作原理

采用一个安全开关监测防护门的位置。除此之外，还采用一个安全开关锁定该防护门。

用来解除该防护门锁定状态的指令发出后，安全继电器开始动作并断开使能回路（即安全输出回路处于闭合状态），以安全的方式断开所连接的接触器。设定的时间结束后，闭锁机构被解锁。如果门已经关闭且被锁定，且反馈回路已经闭合，则可以按下"复位"按钮再次接通所连接的接触器和使能回路（即安全输出回路处于闭合状态）。可达到的最高安全等级（见图 4-64）。

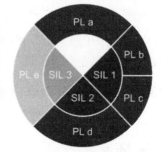

图 4-64　最高安全等级

"防护门监测"安全功能和"防护门闭锁机构"安全功能的设计安全等级最高可达 SIL2 或 PLd。

考虑到某些故障不可能发生，仅采用一个带/不带闭锁机构的安全开关，就可以实现安全等级 SIL2 或 PLd。更多信息，请参阅后文。

4. **安全组件**（见表 4-17）

表 4-17　安全组件

带闭锁机构的安全开关	安全继电器	接触器
注：防护门监测采用一个单通道输入方式		注：执行装置采用两个单通道输出方式

5. 安全功能的计算

通过安全评价工具（Safety Evaluation Tool，SET），可以对于上述的应用进行验证。（http：//support. automation. siemens. com/WW/view/en/73136328）

6. 应用示例

> 注：
> 1. 示例中的安全继电器未指明具体品牌和型号，但尽量选取有代表性的型号。
> 2. 示例中必须采用强制断开结构设计的执行装置（如接触器）。
> 3. 实际使用中，使用者必须参考安全继电器生产厂商提供的有关安装、调试、应用方面的技术手册，再确定具体的接线方式。
> 4. 安全继电器上电前，必须确认连接方式的正确性。
> 5. 示例中所示的连接方法经常被应用在相对而言安全技术要求较高的应用场合。

防护门的位置是通过一个安全门开关来监测的（见图 4-65）。

安全门开关处于闭锁状态时，如果需要打开防护门，需要按下"门解锁"按钮-S4。

依照这样的方法进行设计，防护门监控功能和防护门闭锁功能只能达到 SIL2 或 PLd。

4.3.10　采用模块化安全系统通过闭锁机构实现安全等级为 SIL 2 或 PL d 的防护门监测功能

1. 应用

防护门经常被用来隔离危险区域。防护门监测功能通常用于位置监测，以及必要时关闭危险源所在的区域。如果断开电源后的机器仍然存在一定的危险性，那么，可以采用制动器防止某个时间段进入危险区域。

2. 设计（见图 4-66）

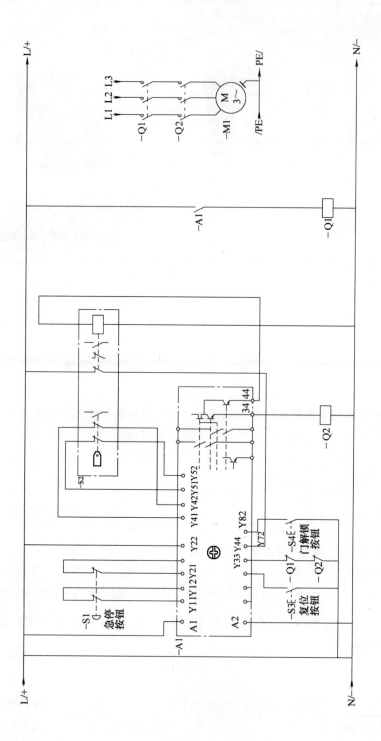

图 4-65　防护门应用示例

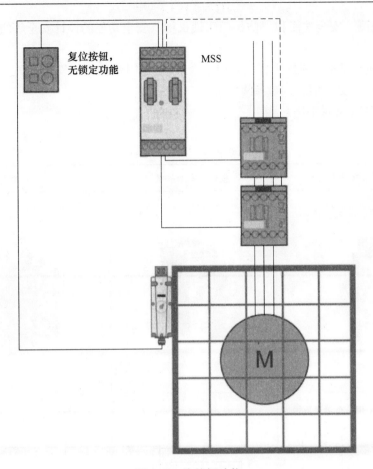

图 4-66　防护门功能

3. 工作原理

采用一个安全开关监测防护门的位置。除此之外，还采用一个安全开关锁定该防护门。

用来解除该防护门的锁定状态的指令发出后，安全继电器开始动作并断开使能回路（即安全输出回路处于闭合状态），以安全的方式断开所连接的接触器。设定的时间结束后，闭锁机构被解锁。如果门已经关闭且被锁定，且反馈回路已经闭合，则可以按下"复位"按钮再次接通所连接的接触器和使能回路（即安全输出回路处于闭合状态）。可达到的最高安全等级（见图 4-67）。

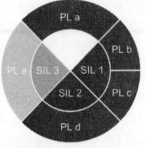

图 4-67　最高安全等级

"防护门监测"安全功能和"防护门闭锁机构"安全功能的设计安全等级最高可达 SIL2 或 PLd。

考虑到某些故障不可能发生，仅采用一个带/不带闭锁机构的安全开关，可以实现安全等级 SIL2 或 PLd。更多信息，请参阅后文。

4. 安全组件（见表 4-18）

表 4-18　安全组件

带闭锁机构的安全开关	模块化安全系统	接触器
	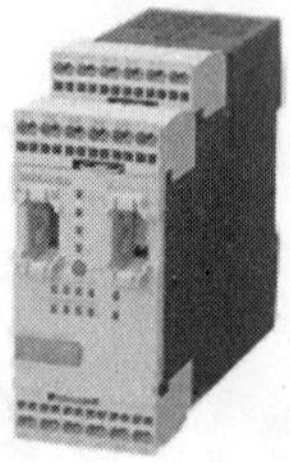	
注：防护门监测采用一个单通道输入方式		注：执行装置采用两个单通道输出方式

5. 安全功能的计算

通过安全评价工具（Safety Evaluation Tool，SET），可以对于上述的应用进行验证。（http：//support. automation. siemens. com/WW/view/en/73137468）

6. 应用示例

注：
1. 示例中的模块化安全系统未指明具体品牌和型号，但尽量选取有代表性的型号。
2. 示例中必须采用强制断开结构设计的执行装置（如接触器）。
3. 实际使用中，使用者必须参考模块化安全系统生产厂商提供的有关安装、调试、应用方面的技术手册，再确定具体的接线方式。
4. 模块化安全系统上电前，必须确认连接方式的正确性。
5. 示例中所示的连接方法经常被应用在相对而言安全技术要求较高的应用场合。

防护门的位置是通过一个安全门开关来监测的（见图 4-68）。

安全门开关处于闭锁状态时，如果需要打开防护门，需要按下"门解锁"按钮-S3。

依照这样的方法进行设计，防护门监控功能和防护门闭锁功能只能达到 SIL2 或 PLd。

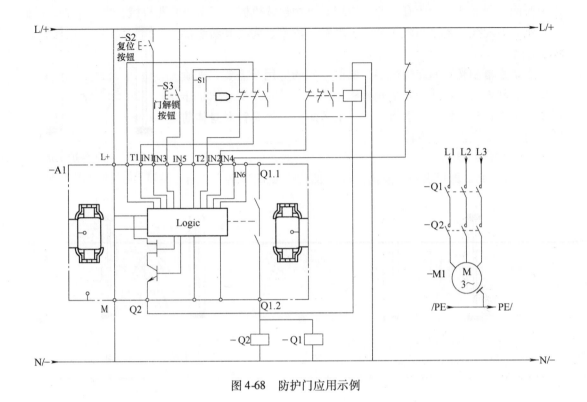

图 4-68　防护门应用示例

4.4　开放式危险区域监测

4.4.1　简介

　　工厂里，通常存在一些因高度危险而禁止人员在某些时段进入的区域。例如，压力机进行下压运动时，人体任何部位都不得进入压力机的危险区域内部。此类危险（区域）监测功能通常采用安全光幕和光栅、光电式扫描器等电敏防护装置（Electro-Sensitive Protective Equipment，ESPE）来作为安全监测信号（安全输入信号）。

　　安全光幕和光栅等电敏防护装置用于保护在生产过程中需要有效干预的危险点和危险区。电敏防护装置通常与其他经过认证的安全评估设备一起组合使用，从而可以达到安全、完整的解决方案。其工作原理是由同步的发送器和接收器组成，光束（通常为红外线）通过微处理器进行监控，一旦由发送器发射的光束至少有一束受干扰，输出信号切换装置（Output Signal Switching Device，OSSD）的输出信号就由高电平切换到低电平，此时安全评估装置（如安全继电器）监测到输入端信号发生了变化，将根据逻辑结果切断所连接的执行器（如接触器），使危险区域的运动及时停止。

　　而某些时候，必须抑制这种防护功能。抑制功能指故意临时性地抑制保护功能。"抑制模式"（例如，在物料送入危险区域期间）通常依赖"抑制"传感器（如光电传感器）作为"复位"信号；同理，也会依赖"抑制"传感器（如光电传感器）作为"结束"信号。

　　与安全开关等机械保护装置相比，安全光幕和光栅等电敏防护装置无磨损，具有更短的响应时间，因此适用于所有工业和应用，例如包装机械、压床和冲孔机械、加工中心、机械手系统、装配线、运输和窗送系统、木材、皮革、陶瓷和纺织品加工机械等。

　　安全光幕和光栅的型号很多，根据不同的应用及需要，准确选型是非常重要的。选择安全光幕和光栅时，其具体型号取决于需要防护的目标，如针对手指防护、手掌防护，还是针对身体防护，通常需要考虑以下方面：

　　1）根据保护功能；

　　2）分辨率，即根据身体所需的保护部位（见图4-69～图4-72）。

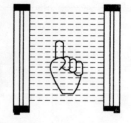

图4-69　用于保护手指，常见的分辨率为14mm

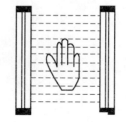

图4-70　用于保护手，常见的
分辨率为30mm

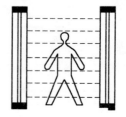

图4-71　用于保护身体，常见的
光束数目＝1/2/3/4

图4-72　电敏防护装置的应用

　　注：

　　1. 有关电敏防护装置的具体要求，详见"EN/IEC 61496-1 机械安全：电敏防护装置 第一部分：一般要求和测试"以及"EN/IEC 61496-2 机械安全：电敏防护装置 第二部分：对于设备应用有源光电防护装置的详细要求"。

　　2. 安装光幕时，必须考虑其安装的位置具有足够的安全间隙，即需要考虑人员移动速度以及相关防护器件的响应时间和执行时间等因素，光幕才能正常地发挥其功能。安全间隙计算公式取决于具体的保护类型。关于定位方案和计算公式，请参阅标准EN13855（"与人体部位接近速度相关的防护设施的定位"）。

　　关于安全距离：

根据 EN999 等标准中有关"安全距离"的要求，设置安全光幕/光栅等电敏防护装置（ESPE）对于人体进行监测时，即使人体进入监测区域并在达到危险区域之前，"安全距离"也足以确保机器可靠地停止运行。

基于 EN999 的安全距离的计算方法：

安全距离 S = 人体的接近速度 K × 响应时间 T + 根据传感器的监测能力增加的距离 C

1. 垂直方向接近（见图 4-73）

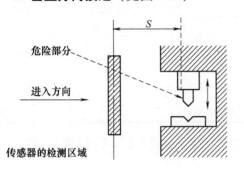

1) 针对手指、手掌的检测

$$S = KT + 8(d-14) \qquad d \leqslant 30$$

K=2000mm/s

T为机器停机需要的最长时间+光幕的响应时间

d为光幕的分辨率

2) 针对人体的检测

$$S = KT + 850 \qquad 30 < d \leqslant 70$$

K=16000mm/s

T为机器停机需要的最长时间+光幕的响应时间

C=850mm

图 4-73 电敏防护装置的安装

2. 平行方向接近（见图 4-74）

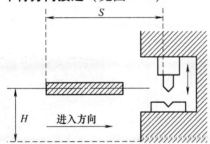

$$S = KT + (1200 - 0.4H)$$

K=1600mm/s

T为机器停机需要的最长时间+光幕的响应时间

H为光幕的设置高度，通常不能超过1000mm；

下沿距离地面的高度如果超过了300mm，考虑到有从下面钻入的可能，需要对此进行风险评估。

图 4-74 电敏防护装置的安装

3. 有角度的进入（见图 4-75）

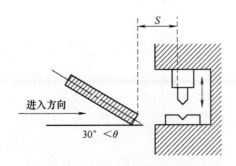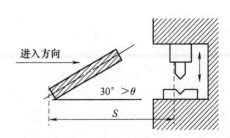

设置角度是30°以上时认定为普通进入，适用垂直方向接近的计算公式

设置角度是30°以下时认定为平行进入，适用平行方向接近的计算公式

图 4-75 电敏防护装置的安装

4. 两点切换装置（见图4-76）

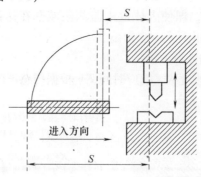

切换使用设置位置时计算出对应各状态的安全距离

图 4-76　电敏防护装置的安装

4.4.2　采用光幕和安全继电器实现安全等级为 SIL 3 或 PL e 的门禁监测

1. 应用

需要实现针对开放式危险区域的门禁功能时，可以采用例如光幕等所谓的非接触式防护装置。光束被中断时，安全评估装置监测到信号高低电平的变化，切断所连接的执行装置，从而可靠地实现停机。

2. 设计（见图4-77）

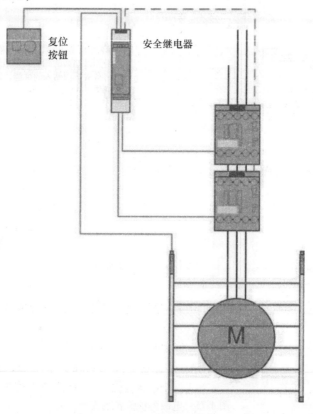

图 4-77　安全光幕的功能

3. 工作原理

光幕由一个发射单元和一个接收单元组成。发射单元和接收单元之间的区域即是保护区域。

电敏防护装置 ESPE（例如安全光幕）的输出信号 OSSD1 和 OSSD2 的信号电平的高低变化，将由安全评估装置（如安全继电器）对其进行评估。最高安全等级（见图 4-78）。

如果光束被阻断，则这两个输出将被切断，即信号电平将由高电平转变为低电平；与此同时，安全评估装置（如安全继电器）开始动作并断开使能回路（即安全输出回路处于闭合状态），并以安全的方式断开所连接的接触器。

如果电敏防护装置 ESPE（例如安全光幕）未被中断，且反馈回路已经闭合，则可以重新起动设备。机器启动操作可以采用自动方式，也可以按下"复位"按钮启动，视具体应用而定。

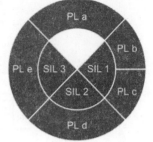

图 4-78　最高安全等级

4. 安全组件（见表 4-19）

表 4-19　安全组件

光幕	安全继电器	接触器
注．采用控制类别 4 的光幕		注．执行装置采用两个单通道输出方式

5. 安全功能的计算

通过安全评价工具（Safety Evaluation Tool，SET），可以对于上述的应用进行验证。（http：//support. automation. siemens. com/WW/view/en/73136329）

6. 应用示例

注：
1. 示例中的安全继电器未指明具体品牌和型号，但尽量选取有代表性的型号。
2. 示例中必须采用强制断开结构设计的执行装置（如接触器）。
3. 实际使用中，使用者必须参考安全继电器生产厂商提供的有关安装、调试、应用方面的技术手册，再确定具体的接线方式。
4. 安全继电器上电前，必须确认连接方式的正确性。
5. 示例中所示的连接方法经常被应用在相对而言安全技术要求较高的应用场合。
6. 在下面的示例中，安全继电器的工作方式通过 DIP 开关进行设定，但这个步骤需要在安全继电器上电之前完成。

在图 4-79 中，当安全光幕的任何一束光束被遮挡，安全光幕的 OSSD1 和 OSSD2 的信号电平将由高电平转变为低电平。安全继电器-A1 监测到安全光幕信号电平的变化，切断所有的安全输出，使得受控装置-M1 可靠停止运行。

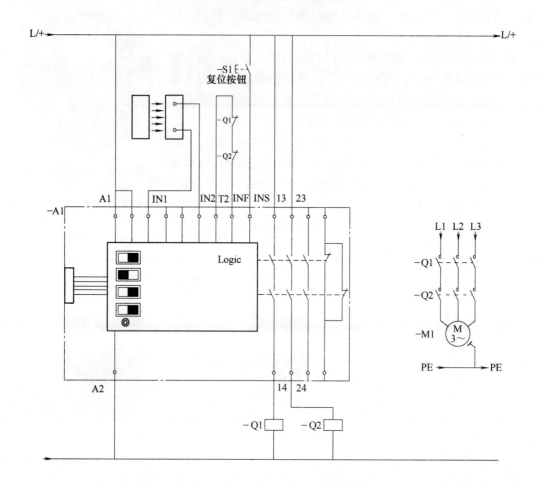

图 4-79　安全光幕应用示例

安全光幕没有遮蔽物时，手动按下"复位"按钮-S1 后，则安全继电器-A1 的全部安全输出将保持闭合的状态，从而使受控设备-M1 重新投入运行。

4.4.3　采用光幕和模块化安全系统实现安全等级为 SIL 3 或 PL e 的门禁监测

1. 应用

需要实现针对开放式危险区域的门禁功能时，可以采用例如光幕等所谓的非接触式防护装置。光束被中断时，安全评估装置监测到信号高低电平的变化，切断所连接的执行装置，从而可靠地实现停机。

2. 设计（见图 4-80）

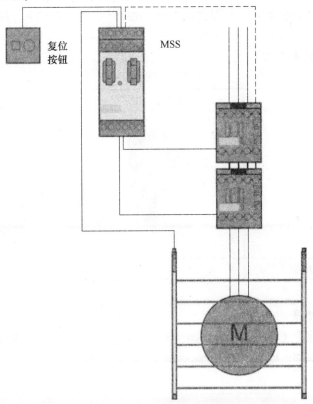

复位按钮

MSS

M

图 4-80　安全光幕的功能

3. 工作原理

光幕由一个发射单元和一个接收单元组成。发射单元和接收单元之间的区域即是保护区域。

电敏防护装置 ESPE（例如安全光幕）的输出信号 OSSD1 和 OSSD2 的信号电平的高低变化，将由安全评估装置（如安全继电器）对其进行评估。可达到的最高安全等级（见图 4-81）。

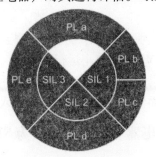

图 4-81　最高安全等级

如果光束被阻断，则这两个输出将被切断，即信号电平将由高电平转变为低电平；与此同时，安全评估装置（如安全继电器）开始动作并断开使能回路（即安全输出回路处于闭合状态），并以安全的方式断开所连接的接触器。

如果电敏防护装置 ESPE（例如安全光幕）未被中断，且反馈回路已经闭合，则可以重新启动设备。设备起动操作可以采用自动方式，也可以按下"复位"按钮启动，视具体应用而定。

4. 安全组件（见表4-20）

表4-20　安全组件

光幕	模块化安全系统	接触器
注：采用控制类别4的光幕		注：执行装置采用两个单通道输出方式

5. 安全功能的计算

通过安全评价工具（Safety Evaluation Tool，SET），可以对于上述的应用进行验证。（http：//support. automation. siemens. com/WW/view/en/69064070）

6. 应用示例

注：
1. 示例中的模块化安全系统未指明具体品牌和型号，但尽量选取有代表性的型号。
2. 示例中必须采用强制断开结构设计的执行装置（如接触器）。
3. 实际使用中，使用者必须参考模块化安全系统生产厂商提供的有关安装、调试、应用方面的技术手册，再确定具体的接线方式。
4. 模块化安全系统上电前，必须确认连接方式的正确性。
5. 示例中所示的连接方法经常被应用在相对而言安全技术要求较高的应用场合。

在图4-82中，当安全光幕的任何一束光束被遮挡，安全光幕的 OSSD1 和 OSSD2 的信号电平将由高电平转变为低电平。模块化安全系统-A1 监测到安全光幕信号电平的变化，切断所有的安全输出，使得受控设备-M1 可靠停止运行。

安全光幕没有遮蔽物时，手动按下"复位"按钮-S1 后，则模块化安全系统-A1 的全部安全输出将保持闭合的状态，从而使受控设备-M1 重新投入运行。

4.4.4　采用安全垫和安全继电器实现安全等级为 SIL 3 或 PL e 的门禁监测

1. 应用

采用安全垫（如安全地毯）可以实现危险区域的门禁功能。当人员踩踏上安全垫时，将触发关机信号。

2. 设计（见图4-83）

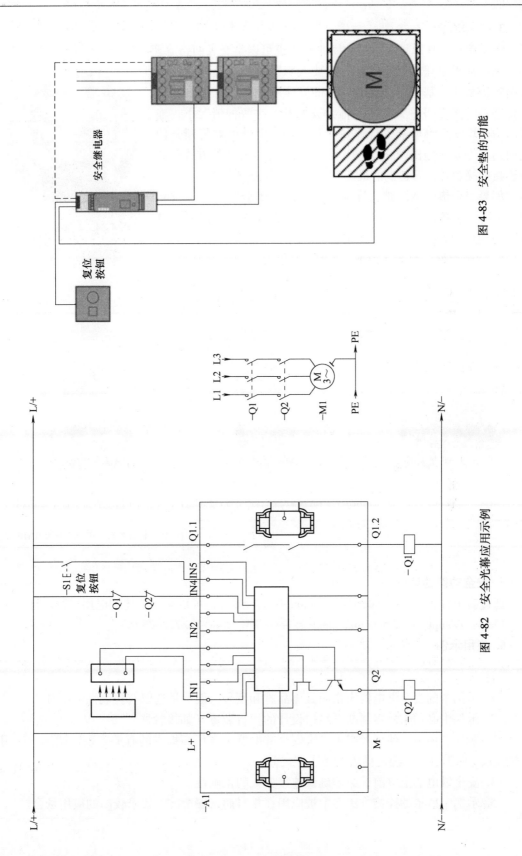

图 4-83 安全垫的功能

图 4-82 安全光幕应用示例

3. 工作原理

安全垫的工作原理可以是常闭原理，也可以是交叉回路原理。

采用常闭原理的安全垫，一旦被人踩踏，其双通道传感器回路将被断开。基于交叉回路原理的安全垫，被人踩踏时，两个传感器回路之间的交叉回路将会被触发。这两种情况下，输出的信号均安全继电器进行评估。此后，安全继电器将断开使能回路（即安全输出回路处于闭合状态），并以安全的方式切断所连接的接触器。可达到的最高安全等级（见图 4-84）。

如果安全垫未被踩踏，且反馈回路已经闭合，则可以重新起动设备。设备起动操作可以采用自动方式，也可以按下"复位"按钮启动，具体视应用而定。

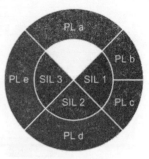

图 4-84　最高安全等级

4. 安全组件（见表 4-21）

表 4-21　安全组件

安全垫	安全继电器	接触器
		注：执行装置采用两个单通道输出方式

5. 安全功能的计算

通过安全评价工具（Safety Evaluation Tool，SET），可以对于上述的应用进行验证。（http：//support. automation. siemens. com/WW/view/en/77262359）

6. 应用示例

> 注：
>
> 1. 示例中的安全继电器未指明具体品牌和型号，但尽量选取有代表性的型号。
>
> 2. 示例中必须采用强制断开结构设计的执行装置（如接触器）。
>
> 3. 实际使用中，使用者必须参考安全继电器生产厂商提供的有关安装、调试、应用方面的技术手册，再确定具体的接线方式。
>
> 4. 安全继电器上电前，必须确认连接方式的正确性。
>
> 5. 示例中所示的连接方法经常被应用在相对而言安全技术要求较高的应用场合。

在图 4-85 中，当有人员踩踏在安全垫上时，安全继电器-A1 监测到短路信号，从而可靠地切断所有的安全输出，使得受控装置-M1 可靠停止运行。

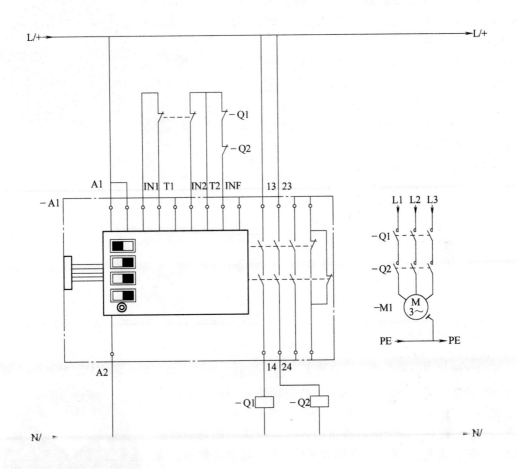

图 4-85 安全垫应用示例

当人员离开安全垫时，安全继电器-A1 自动复位，其全部安全输出将保持闭合的状态，从而使受控装置-M1 重新投入运行。

4.4.5 采用安全垫和模块化安全系统实现安全等级为 SIL 3 或 PL e 的门禁监测

1. 应用

采用安全垫（如安全地毯）可以实现危险区域的门禁功能。当人员踩踏上安全垫时，将触发关机信号。

2. 设计（见图 4-86）

3. 工作原理

安全垫的工作原理可以是常闭原理，也可以是交叉回路原理。

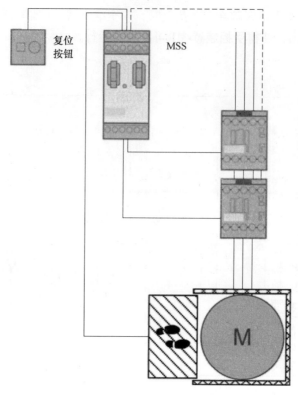

图 4-86　安全垫的功能

　　采用常闭原理的安全垫，一旦被人踩踏，其双通道传感器回路将被断开。基于交叉回路原理的安全垫，被人踩踏时，两个传感器回路之间的交叉回路将会被触发。这两种情况下，输出的信号均采用模块化安全系统进行评估。此后，安全继电器将断开使能回路（即安全输出回路处于闭合状态），并以安全的方式切断所连接的接触器。可达到的最高安全等级（见图 4-87）。

　　如果安全垫未被踩踏，且反馈回路已经闭合，则可以重新启动机器。设备启动操作可以采用自动方式，也可以按下"复位"按钮启动，具体视应用而定。

4. 安全组件（见表 4-22）

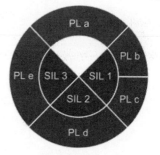

图 4-87　最高安全等级

表 4-22　安全组件

安全垫	模块化安全系统	接触器
		注：执行装置采用两个单通道输出方式

5. 安全功能的计算

通过安全评价工具（Safety Evaluation Tool，SET），可以对于上述的应用进行验证。
（http：//support. automation. siemens. com/WW/view/en/77262361）

6. 应用示例

> 注：
> 1. 示例中的模块化安全系统未指明具体品牌和型号，但尽量选取有代表性的型号。
> 2. 示例中必须采用强制断开结构设计的执行装置（如接触器）。
> 3. 实际使用中，使用者必须参考模块化安全系统生产厂商提供的有关安装、调试、应用方面的技术手册，再确定具体的接线方式。
> 4. 模块化安全系统上电前，必须确认连接方式的正确性。
> 5. 示例中所示的连接方法经常被应用在相对而言安全技术要求较高的应用场合。

在图4-88 中，当有人员踩踏在安全垫上时，模块化安全系统-A1 监测到短路信号，从而可靠地切断所有的安全输出，使得受控装置-M1 可靠停止运行。

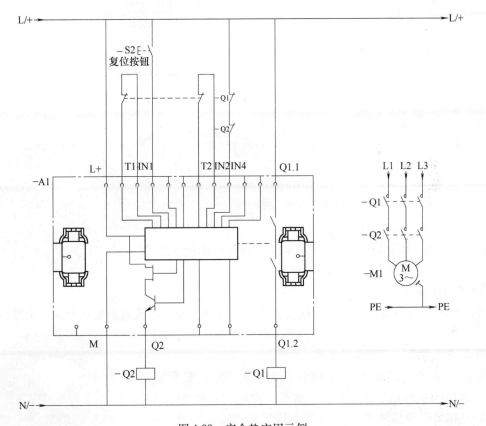

图 4-88　安全垫应用示例

当人员离开安全垫时，模块化安全系统-A1 自动复位，其全部安全输出将保持闭合的状态，从而使受控装置-M1 重新投入运行。

4.4.6　采用激光扫描器和安全继电器实现安全等级为 SIL 2 或 PL d 的区域监测功能

1. 应用

激光扫描器常常用于监测某个完整的区域，防止人员非法进入该区域。激光扫描器可以为危险区域实施大面积监测；检测到物体时，它们可以发出一个关机信号。

2. 设计（见图 4-89）

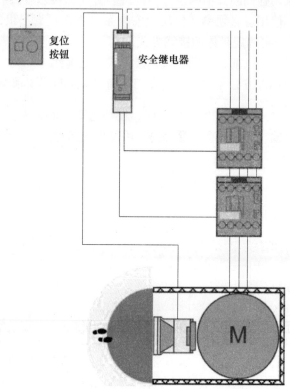

图 4-89　激光扫描器功能

3. 工作原理

激光扫描器可以为安全区域提供大面积监测功能。安全区域通常被划分成一个警告区和一个危险区。一旦有人进入警告区，指示灯输出一个警告信息。如果有人进入危险区，则关停机器。

该监测系统工作期间（上电且没有被触发），安全输出 OSSD1 和 OSSD2 的信号保持高电平状态，并采用安全继电器进行评估。如果光束被中断，则这两个输出被切断；与此同时，安全继电器开始动作并断开使能回路（即安全输出回路处于闭合状态），并以安全的方式断开所连接的接触器。可达到的最高安全等级（见图 4-90）。

如果光幕未被中断，且反馈回路已经闭合，则可以重新启动

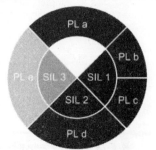

图 4-90　最高安全等级

设备。机器启动操作可以采用自动方式，也可以按下"复位"按钮启动，具体视应用而定。

4. 安全组件（见表 4-23）

表 4-23　安全组件

激光扫描器	安全继电器	接触器
		注：执行装置采用两个单通道输出方式

5. 安全功能的计算

通过安全评价工具（Safety Evaluation Tool，SET），可以对于上述的应用进行验证。
（http：//support. automation. siemens. com/WW/view/en/77262367）

6. 应用示例

> 注：
> 1. 示例中的安全继电器未指明具体品牌和型号，但尽量选取有代表性的型号。
> 2. 示例中必须采用强制断开结构设计的执行装置（如接触器）。
> 3. 实际使用中，使用者必须参考安全继电器生产厂商提供的有关安装、调试、应用方面的技术手册，再确定具体的接线方式。
> 4. 安全继电器上电前，必须确认连接方式的正确性。
> 5. 示例中所示的连接方法经常被应用在相对而言安全技术要求较高的应用场合。

在图 4-91 中，当激光扫描器在二维平面的扫描范围内监测到有异物，安全继电器-A1 将切断所有的安全输出，使得受控设备-M1 可靠停止运行。

当监测范围内没有异物，此时按下"复位"按钮-S1，安全继电器-A1 的全部安全输出将保持闭合的状态，从而使受控设备-M1 重新投入运行。

4.4.7　采用激光扫描器和模块化安全系统实现安全等级为 SIL 2 或 PL d 的区域监测功能

1. 应用

激光扫描器常常用于监测某个完整的区域，防止人员非法进入该区域。激光扫描器可以为危险区域实施大面积监测；检测到物体时，它们可以发出一个关机信号。

2. 设计（见图 4-92）

3. 工作原理

激光扫描器可以为安全区域提供大面积监测功能。安全区域通常被划分成一个警告区和一个危险区。一旦有人进入警告区，指示灯输出一个警告信息。如果有人进入危险区，则关停机器设备。

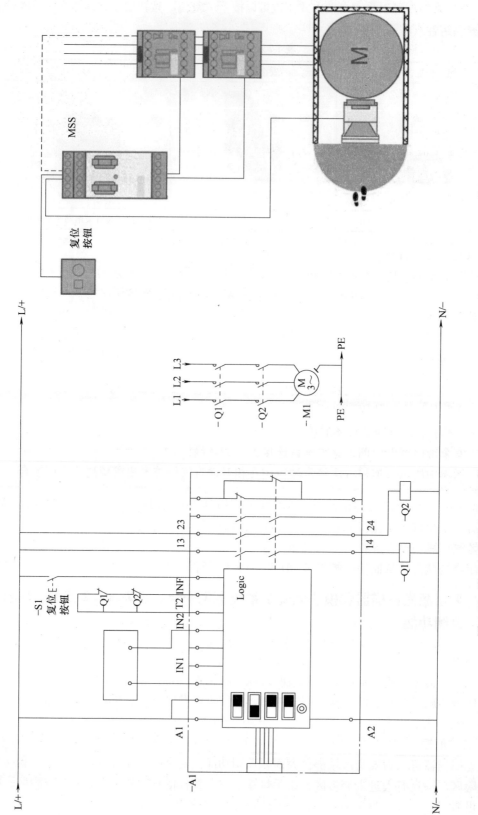

图 4-92 激光扫描器功能

图 4-91 激光扫描器应用示例

该监测系统工作期间（上电且没有被触发），安全输出 OSSD1 和 OSSD2 的信号保持高电平状态，并采用安全继电器进行评估。如果光束被中断，则这两个输出被切断；与此同时，安全继电器开始动作并断开使能回路（即安全输出回路处于闭合状态），并以安全的方式断开所连接的接触器。可达到的最高安全等级（见图 4-93）。

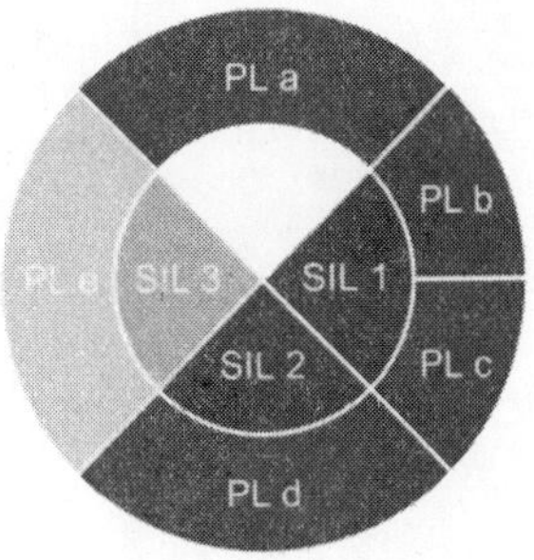

如果光幕未被中断，且反馈回路已经闭合，则可以重新启动机器。机器启动操作可以采用自动方式，也可以按下"复位"按钮启动，具体视应用而定。

图 4-93　最高安全等级

4. 安全组件（见表 4-24）

表 4-24　安全组件

激光扫描器	模块化安全系统	接触器
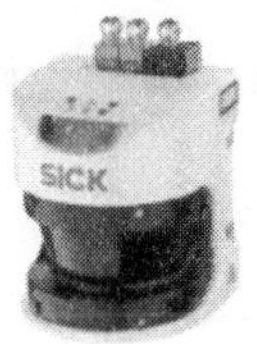		
		注：执行装置采用两个单通道输出方式

5. 安全功能的计算

通过安全评价工具（Safety Evaluation Tool，SET），可以对于上述的应用进行验证。（http：//support. automation. siemens. com/WW/view/en/77284304）

6. 应用示例

注：

1. 示例中的模块化安全系统未指明具体品牌和型号，但尽量选取有代表性的型号。

2. 示例中必须采用强制断开结构设计的执行装置（如接触器）。

3. 实际使用中，使用者必须参考模块化安全系统生产厂商提供的有关安装、调试、应用方面的技术手册，再确定具体的接线方式。

4. 模块化安全系统上电前，必须确认连接方式的正确性。

5. 示例中所示的连接方法经常被应用在相对而言安全技术要求较高的应用场合。

在图 4-94 中，当激光扫描器在二维平面的扫描范围内监测到有异物，模块化安全系统-A1 将切断所有的安全输出，使得受控设备-M1 可靠停止运行。

当监测范围内没有异物，此时按下"复位"按钮-S1，模块化安全系统-A1 的全部安全输出将保持闭合的状态，从而使受控设备-M1 重新投入运行。

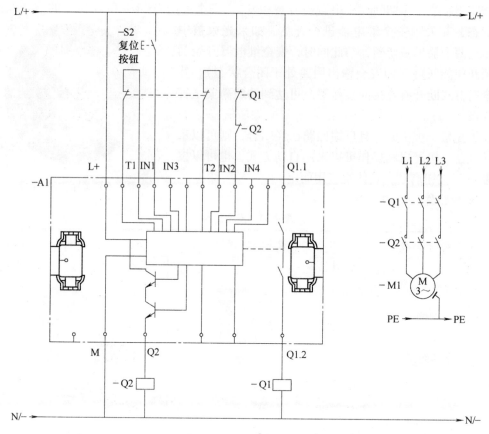

图 4-94　激光扫描器应用示例

4.5　安全速度/安全停机监测

4.5.1　简介

当机器的运动或其运动部件可能危及人员或机器的安全时，通常需要对这种机器实施速度监测和停止状态监测等功能。

这类应用功能常常与防护设施（如防护门）和防护门闭锁机构一起使用。

带闭锁机构的联锁装置用于防止意外进入危险区域。其原因通常有以下两个：

1）防止由于危险机器运动超程、高温等对于人员可能造成的伤害。对于联锁装置的设计和选型，标准 ISO14119 或 EN1088 提供有相关的指导性原则。这些标准指出：除非危险机器的运行已经停止，否则不得接近危险区域。

2）对闭锁机构的使用源于过程安全。类似情况时有出现：保护装置打开后，危险已被中止，但是却造成了机器或工件的损坏。这种情况下，首先应考虑将机器的运动状态转至某种受控的停止方式，然后再对其进行操作。

借助机器设计中的速度监测功能，通常满足下面的条件之一时，可以实现释放防护门的闭锁机构等功能（根据具体工艺要求，有时需要借助手动解锁按钮的方式）：

1) 当其运动部件已经完全停止;

2) 当运动部件的速度达到某个设定的安全速度。例如在机床调试时, 维修模式下可以将主轴的安全转速设定为 50r/min, 意味着此时的速度如果低于设定的安全速度, 可以对于防护门进行操作。

借助机器设计中的停机监测功能, 机器的运动部件已经完全停机后, 才释放防护门的闭锁机构等功能。这个功能在很多的应用场合都有应用。如机床、木工机械、包装、风电等领域。

4.5.2 采用安全继电器和速度监测继电器实现安全等级为 SIL 2 或 PL d 的安全速度监测功能

1. 应用

采用两个速度监测继电器和一个安全继电器对电动机速度进行监测, 如图 4-95 所示。由于采用了输入信号的冗余结构设计, 确保了即使其中的一个速度监测继电器出现故障, 即出现了单通道故障, 从而导致这一检测通道无法发出正确的电动机检测信号, 电动机速度也不会超出其限制值, 从而避免工作人员因加工件被甩出而受到伤害。

2. 设计

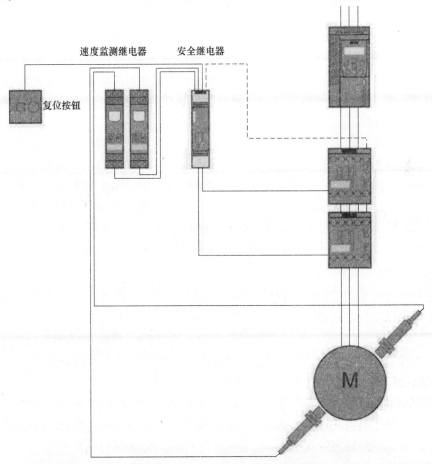

图 4-95 安全速度监测功能

3. 工作原理

采用两个标准的速度监测继电器同时进行速度监测的结构设计，最高可以实现安全等级 SIL2 或 PLd 的要求（见图 4-96）。

这种情况下，两个速度监测继电器上都需要设置某个特定的速度或速度范围（上限值和下限值）。这些速度监测继电器不间断地监测电动机的转速，并通过继电器的触头的导通和关断的状态来指示其当前的转速值是否超过设定的速度极限值或者速度范围。

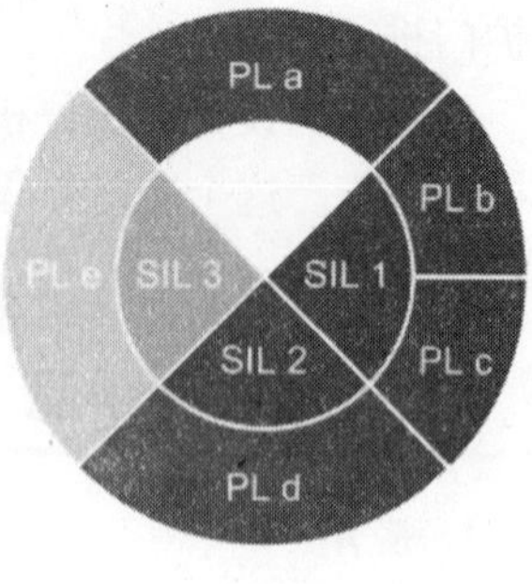

安全继电器将监测这些速度监测继电器的触头的导通和关断的状态，这些信号用来描述监测到的速度之间的差异，以及双通道间是否存在短路故障等。

图 4-96　最高安全等级

如果电动机的实际转速超过了设定的速度限值，或者超出了速度范围，则电动机将立即被安全地关机。

而当速度又降至设定的速度极限值以下（即允许的速度范围之内），或者处于停机状态时，并且此时的反馈回路正好处于闭合状态，则可以使用"复位"按钮重新起动电动机。

注：

在传感器的回路设计中，同时应用两个监测继电器对速度这一过程变量进行检测，有可能出现某一个监测继电器先于另一个监测继电器监测到速度超过设定的限值的现象。设备（如变频器）和外部传感器（如增量型编码器）的设置偏差或测量偏差也有可能是导致这一问题的原因。

上例中，速度连续上升时，其中一个监测继电器会在一段很短的时间内先于另一个监测继电器监测到速度超过设定的限值的现象。此时，驱动装置的电源将被切断。速度也随之下降。在相应的安全评估装置（如安全继电器）中，由于需要对输入信号进行同步输入的状态监测，因此这种不一致性误差依然有效。两个通道都进行零位重置后，才能再次起动应用。这种情况下，必须检查并手动地复位这些监测继电器。

对缓慢上升的过程变量进行监测时，也可能出现这种现象。而避免出现不一致误差的方法如下：

1）根据经验计算出需要设置的相关参数，以便尽量保证监测继电器的输出信号的同步性；

2）对外部传感器（如增量型编码器）采用完全相同的设计（传感器的型号、电缆长度等完全相同）。

---

4. 安全组件（见表 4-25）

5. 安全功能的计算

通过安全评价工具（Safety Evaluation Tool，SET），可以对于上述的应用进行验证。

（http：//support. automation. siemens. com/WW/view/en/69065516）

6. 应用示例

表 4-25 安全组件

速度监测继电器	安全继电器	接触器
注：信号采集采用两个单通道输入方式		注：执行装置采用两个单通道输出方式

注：

1. 示例中应用的安全继电器和速度监测继电器，未指明具体品牌和型号，但尽量选取有代表性的型号。

2. 示例中必须采用强制断开结构设计的安全门开关、执行装置（如接触器）。

3. 实际使用中，使用者必须参考安全继电器和速度监测继电器生产厂商提供的具体型号产品的关于安装、调试、应用的技术手册，再确定具体的接线方式。

4. 安全继电器和速度监测继电器上电前，必须确认连接方式的正确性。

5. 速度监测继电器需要预先设定相关参数，严禁带电进行设定或调整。

在图 4-97 中，两个标准的速度检测继电器分别通过行程开关-B1 和-B2 来监测受控装置-M1 的运行状态，而安全继电器-A1 则用来监测两个速度监测继电器的信号差异性以及进行短路检测。

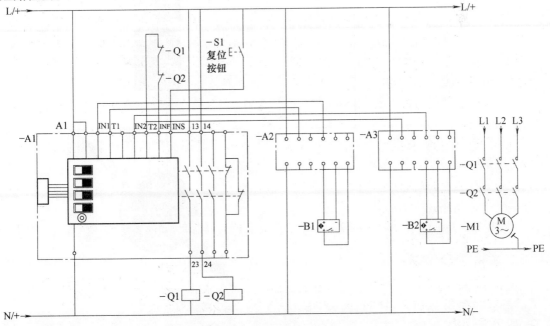

图 4-97 安全速度监测应用示例

如果受控装置-M1 的实际运行速度超过了设定的安全速度范围，则安全继电器使得执行装置-Q1 和-Q2 的线圈失电，同时串联的主触点处于断开状态，受控装置-M1 停止运转。

如果受控装置-M1 的实际运行速度再次低于设定的最高限速或者处于安全速度范围内，或者处于停止运行的状态，同时反馈回路也处于闭合的状态，则可以通过按下"复位"按钮-S1 再次使受控装置-M1 投入运行状态。

4.5.3　采用速度监测器实现安全等级为 SIL3 或 PLe 的安全速度监测

1. 应用

采用一个安全速度监测器对电动机速度进行动态监测。确保即使出现故障，电动机速度也不超出其设定的限制值，从而避免工作人员因加工件被甩出而受到伤害。

2. 设计（见图 4-98）

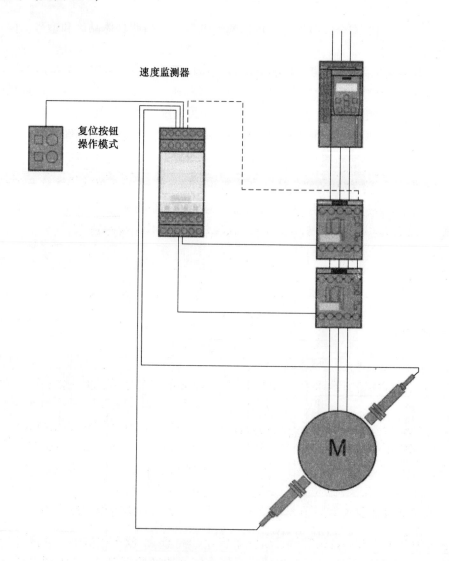

图 4-98　安全速度监测功能

3. 工作原理

需要在安全速度监测器上预先设置某个特定的速度或速度范围（上限值和下限值）。在各个速度范围（不同的段速）中，常采用模式选择开关在设置模式和自动模式之间进行切换。向上或向下超出相应的速度范围时，所连接的接触器将以安全的方式断开。可达到的最高安全等级（见图 4-99）。

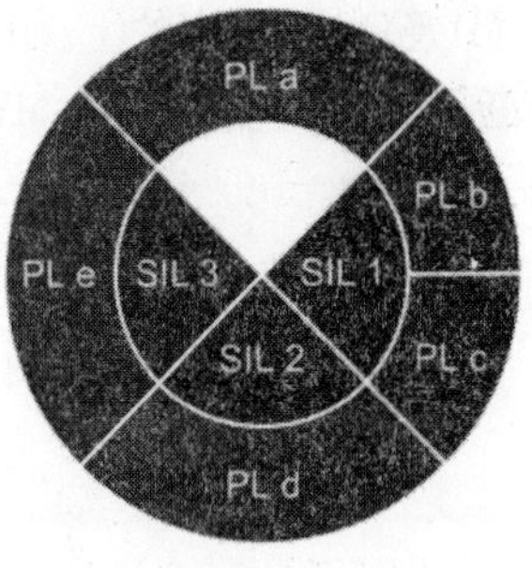

执行器已被断开电源，且此时的反馈回路也已经闭合时，即可按下"复位"按钮重新启动该示例所示的应用。

4. 安全组件（见表 4-26）

5. 安全功能的计算

通过安全评价工具（Safety Evaluation Tool，SET），可以对于上述的应用进行验证。

（http：//support. automation. siemens. com/WW/view/en/69065043）

图 4-99 最高安全等级

表 4-26 安全组件

速度监测器	接触器
注：安全速度监测器	注：执行装置采用两个单通道输出方式

6. 应用示例

> 注：
> 1. 示例中应用的安全速度监测器，未指明具体品牌和型号，但尽量选取有代表性的型号。
> 2. 示例中必须采用强制断开结构设计的安全门开关、执行装置（如接触器）。
> 3. 实际使用中，使用者必须参考安全速度监测器生产厂商提供的具体型号产品的关于安装、调试、应用的技术手册，再确定具体的接线方式。
> 4. 安全速度监测器上电前，必须确认连接方式的正确性。
> 5. 安全速度监测器需要预先设定相关参数，严禁带电进行设定或调整。

在图 4-100 中为自动模式时，只要安全速度监测器-A1 没有监测到受控设备-M1 停止转动，则安全门开关-S2 始终处于锁闭状态。如果安全速度监测器-A1 监测到受控设备-M1 超出了设定的上/下限范围，则执行装置-Q1 和-Q2 的线圈失电，同时串联的主触头处于断开状态，受控装置-M1 停止运转。

在设定模式时，安全门开关始终处于解锁状态。如果安全速度监测器-A1 监测到受控装置-M1 超出了设定的上／下限范围，则执行装置-Q1 和-Q2 的线圈失电，同时串联的主触头处于断开状态，受控设备-M1 停止运转。

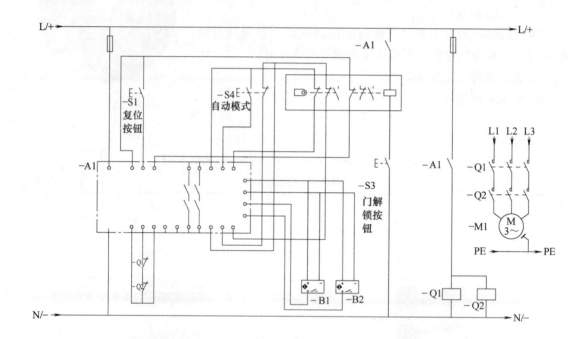

图 4-100　安全速度监测应用示例

如果此时防护门处于打开的状态，安全速度监控器的触头处于断开状态，从而确保电动机不能重新投入运行。如果此时防护门处于关闭状态，且反馈电路是闭合的，则可以通过按下"复位"按钮再次使受控装置-M1 处于运行状态。

4.5.4　采用模块化安全系统实现安全等级为 SIL 3 或 PL e 的安全停机监测功能（含防护门闭锁机构）

1. 应用

在这个示例中，防护门的状态监测采用了模块化安全系统的设计结构。电动机运转期间，停机监测器确保人员无法接触机器的运动部件或者危险部件。

2. 设计（见图 4-101）

3. 工作原理

安全停机监测器直接检测电动机三相的剩余感应电压。当剩余感应电压趋向于 0 或低于设定的阈值时，表示电动机的转轴已处于停止转动的状态。

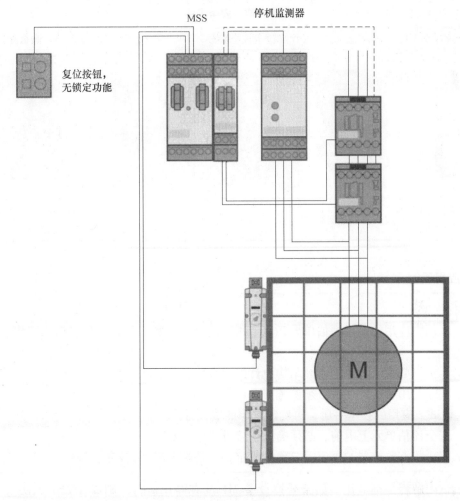

图 4-101 安全速度监测功能

　　来自于安全停机监测器的这个停止状态信号以及两个安全开关信号，由模块化安全系统进行监测。可达到的最高安全等级（见图 4-102）。

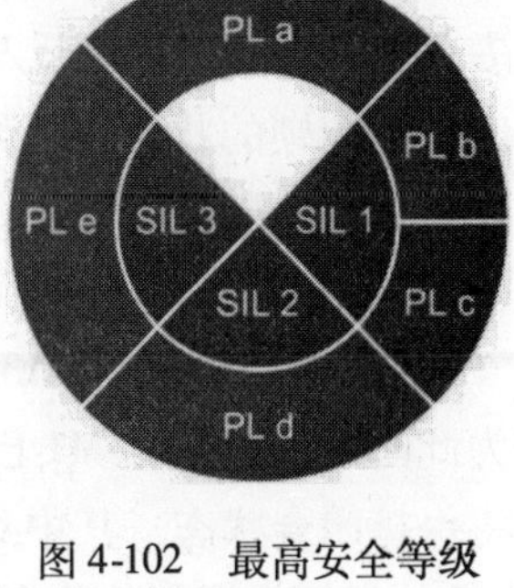

　　如果模块化安全系统已经监测到了电动机的停止转动的信号，此时按下解锁按钮，则闭锁机构将被解除锁定，从而可以打开防护门。与此同时，接触器将以安全的方式断开，以防止电动机意外重启。

　　如果防护门再次关闭，重新锁定，并且反馈回路也已经闭合，则可以按下"复位"按钮重新启动本示例应用。

　　注：紧急停机是一个额外附件的安全功能，此处未作深入考虑。

图 4-102 最高安全等级

4. 安全组件（见表 4-27）

5. 安全功能的计算

通过安全评价工具（Safety Evaluation Tool，SET），可以对于上述的应用进行验证。

（http：//support. automation. siemens. com/WW/view/en/69065515）

表 4-27　安全组件

带闭锁机构的安全开关	停机监测器	模块化安全系统	扩展模块	接触器
注：传感器采用两个单通道输入方式	注：安全监测器			注：执行装置采用两个单通道输出方式

6. 应用示例

注：

1. 示例中应用的安全评估单元，但未指明具体品牌和型号，但尽量选取有代表性的型号。

2. 示例中必须采用强制断开结构设计的安全门开关、执行装置（如接触器）。

3. 实际使用中，使用者必须参考安全评估单元生产厂商提供的具体型号产品的关于安装、调试、应用的技术手册，再确定具体的接线方式。

4. 安全评估单元上电前，必须确认连接方式的正确性。

5. 停止状态监控器的阈值需要预先设定，严禁带电进行设定或调整。

示例试图解释一种应用。如果受控设备-M1 没有停止运行，则操作人员无法打开防护门。只有当电动机完全停止运行（即零速）时，操作人员才可以通过按下"门解锁"按钮，打开防护门。下面我们来分析一下，这个过程是如何实现的。

在图 4-103 中，两个带有闭锁机构的安全门开关-S1 和-S2 分别有一个常闭触点 11/12 接入安全评估单元-A1 的输入端 T1/IN1 和 T2/IN2，也就是说，当防护门关闭，且安全门开关同时处于闭锁的状态时，如此时按下"复位"按钮-S3，安全评估单元的安全输出的状态将保持，即执行装置 Q1、Q2 的线圈得电，其主触头处于闭合状态，受控装置-M1 处于运行状态。

当停止状态监控器-A3 监测到受控装置-M1 的三相剩余感应电压低于设定的阈值时，即认为此时的受控装置-M1 已处于停止运行的状态，因此停止状态监控器-A3 的全部的常开触头将保持闭合状态，其中 23/24 的导通状态使得安全评估单元-A1 监测到此时的受控装置-M1 已处于停止运行的状态。

如果此时操作人员按下"门解锁"按钮-S4，两个安全门开关-S1 和-S2 的线圈 E1/E2 将失电，闭锁装置处于非锁定状态，防护门将可以被打开。

如果此时电动机再次运行，即停止状态监控器-A3 监测到的受控装置-M1 的感应电压值大于预先设定的阈值，则其常开触点 23/24 由闭合状态转为断开状态，两个安全门开关-S1

和-S2 的线圈得电后再次锁定，此时安全门处于锁闭的状态，操作人员无法随意打开防护门，从而对于人员起到了保护的作用。

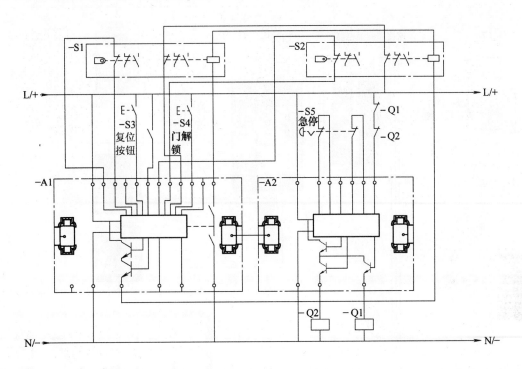

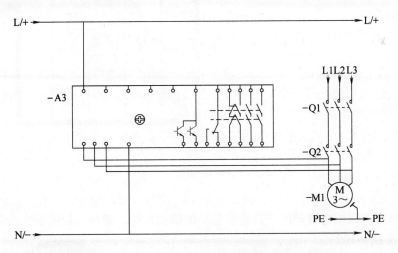

图 4-103　安全速度监测应用示例

4.5.5　采用模块化安全系统和速度监测继电器实现安全等级为 SIL 2 或 PL d 的安全速度监测、防护门监测和闭锁机构监测

1. 应用

配合速度监测继电器，模块化安全系统确保人员无法接近速度已经超过设定值的、运动着的危险机器部件。

2. 设计（见图 4-104）

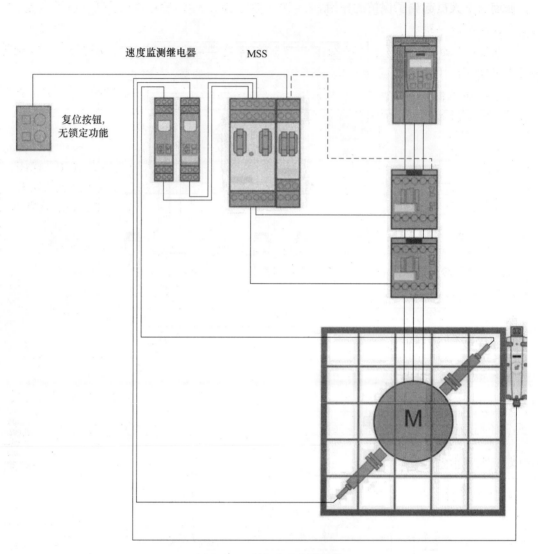

图 4-104　安全速度监测功能

3. 工作原理

采用两个标准的速度监测继电器同时进行速度监测的结构设计，最高可以实现安全等级 SIL2 或 PLd 的要求（见图 4-105）。

可以在速度监测继电器上设置一个安全速度的范围（即设定上限值和下限值）。只要速度处于该安全速度范围之外，带有闭锁机构的防护门锁确保处于锁定状态，阻止人员接近运动着的危险机器部件。模块化安全系统负责监测来自速度监测继电器和两个安全开关的信号状态的变化。

电动机的转动速度处于安全速度范围期间，按下解除锁定功能的按钮，可以打开闭锁机构和防护门。在防护门打开期间，

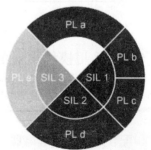

图 4-105　最高安全等级

一旦电动机速度超出设定的安全速度范围，电动机将立即被安全地关机。

如果防护门已经锁定，并且此时的反馈回路正好处于闭合状态，则可以使用"复位"按钮重新起动电动机。

本示例中，安全功能"防护门监测"和安全功能"防护门闭锁机构"的设计，安全等级最高可达 SIL2 或 PLd。

考虑到某些故障不可能发生，只采用一个带（或者不带）闭锁机构的安全开关，就可以实现安全等级 SIL2 或 PLd。更多信息，请参阅后文。

> 注：
> 在传感器的回路设计中，同时应用两个监测继电器对速度这一过程变量进行检测，有可能出现某一个监测继电器先于另一个监测继电器监测到速度超过设定的限值的现象。设备（如变频器）和外部传感器（如增量型编码器）的设置偏差或测量偏差也有可能是导致这一问题的原因。
>
> 上例中，速度连续上升时，其中一个监测继电器会在一段很短的时间内先于另一个监测继电器监测到速度超过设定的限值的现象。此时，驱动装置的电源将被切断。速度也随之下降。在相应的安全评估装置（如安全继电器）中，由于需要对输入信号进行同步输入的状态监测，因此，这种不一致性误差依然有效。两个通道都进行零位重置后，才能再次起动应用。这种情况下，必须检查并手动地复位这些监测继电器。
>
> 对缓慢上升的过程变量进行监测时，可能出现这种现象。而避免出现不一致误差的方法如下：
> 1）根据经验计算出需要设置的相关参数，以便尽量保证监测继电器的输出信号的同步性；
> 2）对外部传感器（如增量型编码器）采用完全相同的设计（传感器的型号、电缆长度等完全相同）。

4. 安全组件（见表 4-28）

表 4-28　安全组件

带闭锁机构的安全开关	速度监测继电器	模块化安全系统	扩展模块	接触器
注：传感器采用一个双通道输入方式	注：信号采集采用两个单通道输入方式			注：执行装置采用两个单通道输出方式

5. 安全功能的计算

通过安全评价工具（Safety Evaluation Tool，SET），可以对于上述的应用进行验证。

（http：//support. automation. siemens. com/WW/view/en/77284310）

6. 应用示例

> 注：
> 1. 示例中应用的安全评估单元和速度监测继电器，未指明具体品牌和型号，但尽量选取有代表性的型号。
> 2. 示例中必须采用强制断开结构设计的安全门开关、执行装置（如接触器）。
> 3. 实际使用中，使用者必须参考安全评估单元和速度监测继电器生产厂商提供的具体型号产品的关于安装、调试、应用的技术手册，再确定具体的接线方式。
> 4. 安全评估单元和速度监测继电器上电前，必须确认连接方式的正确性。
> 5. 速度监测继电器的阈值需要预先设定，严禁带电进行设定或调整。

在图 4-106 中，两个接近开关-A3 和-A4 监测到受控设备-M1 处于正常的运行状态，则采用了冗余结构的安全门开关-S1 的线圈处于得电状态，安全门闭锁。

如果受控设备-M1 的实际运转速度超过了设定的安全速度，则安全评估单元-A1 将切断输出，使得受控设备-M1 停止转动，从而处于一种安全的状态下。

如果安全门是关闭的，且此时反馈回路闭合，则可以通过按下"复位"按钮-S2 重新使受控设备-M1 再次投入运行。

在这个示例中，防护门的监控功能和带闭锁装置的防护门的安全功能最高只能达到 SIL2 或 PLd。考虑到故障排除，仅应用一个带/不带闭锁装置的安全开关也可以达到 SIL2 或 PLd。

4.5.6　采用速度监测器实现安全等级为 SIL 3 或 PL e 的安全速度监测、防护门监测和闭锁机构监测

1. 应用

采用速度监测器可以确保机器转动的（或移动的）部件的运动速度超过某个可调速度时，人员无法接近危险的、运动着的机器部件。

2. 设计（见图 4-107）

3. 工作原理

需要在安全速度监测器上预先设置某个特定的速度或速度范围（上限值和下限值）。只要速度处于该安全速度范围之外，带有闭锁机构的防护门锁确保处于锁定状态，阻止人员接近运动着的危险机器部件。与此同时，该速度监测器还同时监测防护门的位置（打开或关闭的状态）。可达到的最高安全等级（见图 4-108）。

在各个速度范围（不同的段速）中，常采用模式选择开关在设置模式和自动模式之间进行切换。检测出的停机信号，以及是否超出设定的安全速度范围的检测信号都是通过安全速度监测器集成的继电器型（或电子式）输出点进行输出。

机器在自动模式下运转时，只要没有检测到停机信号，则防护门一直保持锁定状态。超过设定的上限值或低于设定的下限值，即超出了设定的安全速度范围时，所连接的接触器将以安全的方式断开。

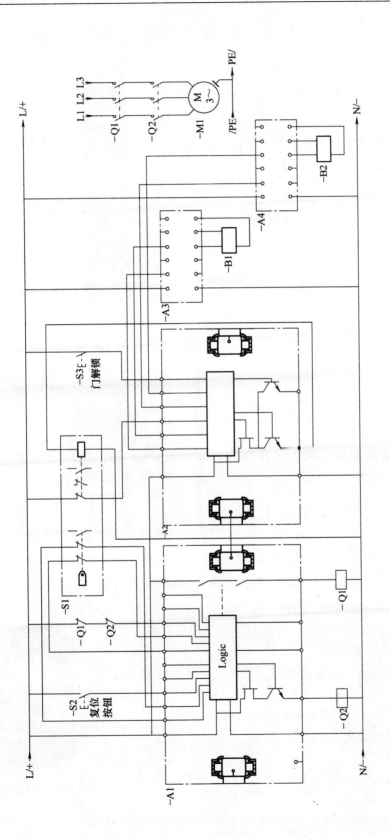

图 4-106　安全速度监测应用示例

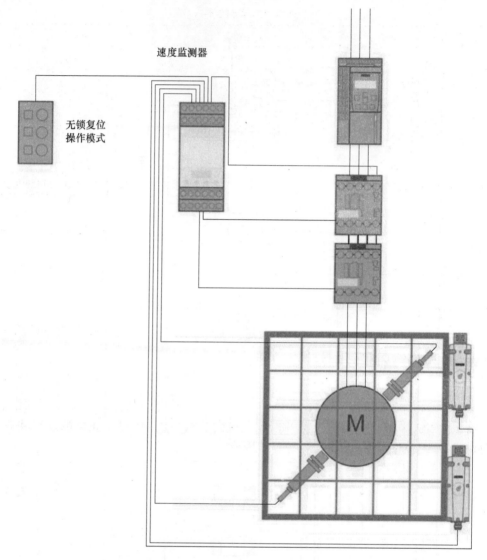

图 4-107　安全速度监测功能

机器在设置模式下运转时，防护门始终处于打开或者随时可以打开的状态。一旦超过设定的上限值或低于设定的下限值，即超出了设定的安全速度范围时，所连接的接触器将被断开。

防护门被打开期间，速度监测器将确保电动机无法起动。如果防护门已经关闭，并且此时的反馈回路已经处于闭合的状态，则可以按下"复位"按钮重新起动电动机。

4. 安全组件（见表 4-29）

5. 安全功能的计算

通过安全评价工具（Safety Evaluation Tool，SET），可以对于上述的应用进行验证。

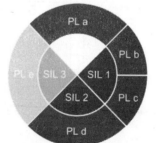

图 4-108　最高安全等级

（http：//support. automation. siemens. com/WW/view/en/77284316）

表 4-29　安全组件

带闭锁机构的安全开关	速度监测器	接触器
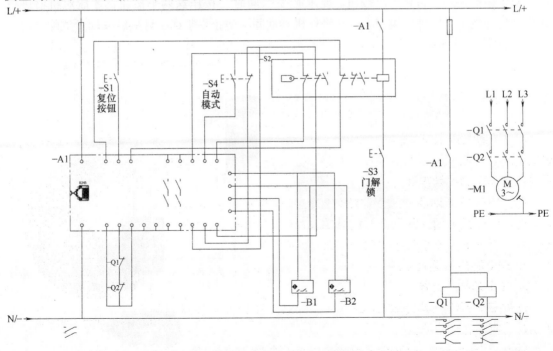		
注：传感器采用双通道输入方式	注：安全监测装置	注：执行装置采用双通道输出方式

6. 应用示例

注：

1. 示例中应用的安全速度监测器，未指明具体品牌和型号，但尽量选取有代表性的型号。

2. 示例中必须采用强制断开结构设计的安全门开关、执行装置（如接触器）。

3. 实际使用中，使用者必须参考安全速度监测器生产厂商提供的具体型号产品的关于安装、调试、应用的技术手册，再确定具体的接线方式。

4. 安全速度监测器上电前，必须确认连接方式的正确性。

5. 安全速度监测器的阈值需要预先设定，严禁带电进行设定或调整。

在图 4-109 中，两个接近开关-B1 和 B2 监测到受控装置-M1 处于正常的运行状态，则安全门开关-S2 的线圈处于得电状态，安全门闭锁。

图 4-109　安全速度监测应用功能

如果受控装置-M1 的实际运转速度超过了设定的安全速度，则安全评估单元-A1 将切断输出，使得受控装置-M1 停止转动，从而处于一种安全的状态下。

如果安全门是关闭的，且此时反馈回路闭合，则可以通过按下"复位"按钮-S1 重新使受控装置-M1 再次投入运行。

4.6　安全操作输入

4.6.1　简介

由于工作需要，操作人员需要进入到某些危险区域进行操作的场合，例如需要安装、固定或移走模压机、冲压机或类似机床的加工件的工作场合，就必须考虑必要的安全功能，以确保机器操作的安全性。机器的运动部件（存在潜在的危险，可能导致人员受到伤害）在起动之前，必须确保操作人员的任何身体部位都不在危险区之内。例如，双手操作就是一种可以实现这种安全功能的方法。这种方法要求操作员必须"同时"按下两个按钮，才能够起动机器或运动部件的运动。而当松开任何一个按钮，都会导致机器或运动部件的运动状态的停止。

后续章节将采用应用示例的方式，描述和介绍用于实现机器操作安全的双手操作方法。

> 注：选择何种双手操纵装置作为合适的安全设备，取决于风险评估的结果。

4.6.2　采用安全继电器实现安全等级为 SIL 1 或 PL c 的双手操作控制台

1. 应用

双手操作控制台包含两个按钮。要求必须"同时"按压这两个按钮，才能对机器进行操作。这种技术可以确保操作人员在操作机器期间，防止手掌或手臂接触或处于危险区内。

2. 设计（见图 4-110）

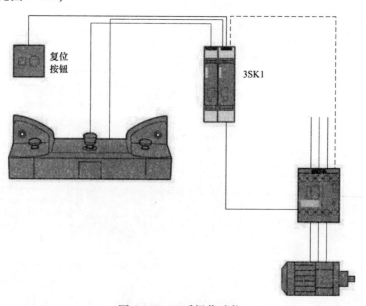

图 4-110　双手操作功能

3. 工作原理

由于要求必须"同时"按下两个按钮，这样就使得操作人员的双手必须放在这个双手操作控制台上，从而不可能接触或使任何一只手接触或放入危险区内。因为只有当操作人员的左手和右手"同时"输入操作信号，且操作信号的时间差在500ms内转变成有效的电平信号，如果此时的反馈回路也已经闭合时，安全继电器才能启动使能回路（即安全输出回路处于闭合状态）。可达到的最高安全等级（见图4-111）。

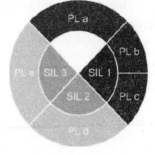

图4-111 最高安全等级

两个按钮中，如果任何一个被释放，安全继电器立即以安全的方式断开机器的电源，使机器或机器的运动部件停止运行。

一旦紧急停止功能被激活，必须按下"复位"按钮才能重新启动机器。

注：

1. 选择何种双手操纵装置作为合适的安全设备，取决于风险评估的结果。

2. 双手操纵装置因用单手或一只手与身体其他部位和（或）合并利用一些简单辅助物件的可能性都会造成不当使用，所有这些情况均应加以考虑，以避免进入危险状态。不当使用的情况包括：

1）使用单手；

2）使用同臂手和肘；

3）使用前臂或肘；

4）使用单手和身体其他某一部位（如膝盖等）；

5）把一个操纵控制器件锁定。

3.《机械安全 双手操纵装置 功能状况及设计原则》标准中规定了以上不当使用情况的预防措施。

---

4. 安全组件（见表4-30）

表4-30 安全组件

双手操作控制台	安全继电器	输入扩展模块	接触器
注：传感器采用双通道输入方式			注：执行装置采用双通道输出方式

5. 安全功能的计算

通过安全评价工具（Safety Evaluation Tool，SET），可以对于上述的应用进行验证。（http：//support. automation. siemens. com/WW/view/en/74562494）

6. 应用示例

> 注：
> 1. 示例中应用的安全继电器未指明具体品牌和型号，但尽量选取有代表性的型号。
> 2. 示例中必须采用强制断开结构设计的安全门开关、执行装置（如接触器）。
> 3. 实际使用中，使用者必须参考安全继电器生产厂商提供的具体型号产品的关于安装、调试、应用的技术手册，再确定具体的接线方式。
> 4. 安全继电器上电前，必须确认连接方式的正确性。
> 5. 示例中所示的连接方法经常被应用在相对而言安全技术要求较低的应用场合。

在图 4-112 中，双手操作控制装置的左手和右手输入信号分别接入安全继电器-A2。当双手"同时"按下时，安全继电器-A2 的安全输出 13/14 使执行装置-Q1 的线圈得电，其主触点闭合后，受控装置-M1 保持运行状态。

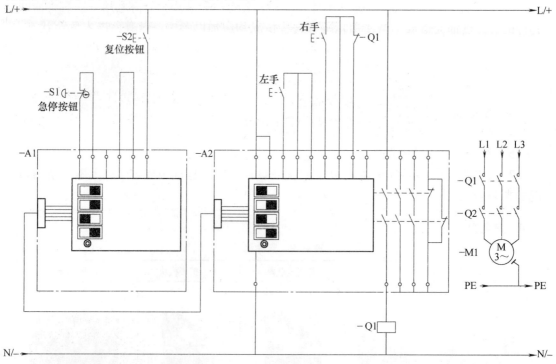

图 4-112 双手操作应用示例

当左手或者是右手抬起或双手抬起时，安全继电器的全部安全输出处于断开状态。执行装置-Q1 线圈失电后，主触点断开，从而使受控装置-M1 停止运行。

双手同时按下并保持，装置可以保持运行的状态。此时，如按下急停按钮-S1，则设备运行的状态将中断，设备停止运行。如果重新启动机器，必须完成以下三个步骤：

1）释放急停按钮-S1；

2）按下复位按钮-S2；

3）双手同时按下双手操纵装置。

4.6.3 采用模块化安全系统实现安全等级为 SIL 3 或 PL e 的双手操作控制台

1. 应用

双手操作控制台包含两个按钮。要求必须"同时"按压这两个按钮，才能对机器进行操作。这种技术可以确保操作人员在操作机器期间，防止手掌或手臂接触或处于危险区内。

2. 设计（见图 4-113）

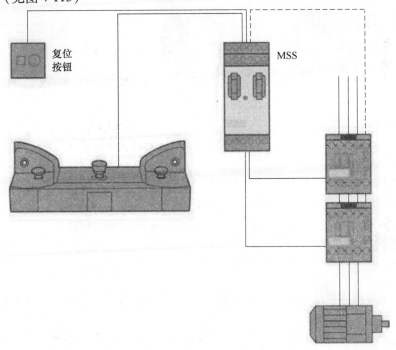

图 4-113 双手操作功能

3. 工作原理

由于要求必须"同时"按下两个按钮，这样就使得操作人员的双手必须放在这个双手操作控制台上，从而不可能接触或使任何一只手接触或放入危险区内。因为只有当操作人员的左手和右手"同时"输入操作信号，且操作信号的时间差在 500ms 内转变成有效的电平信号，如果此时的反馈回路也已经闭合时，模块化安全系统才能启动使能回路（即安全输出回路处于闭合状态）。可达到的最高安全等级（见图 4-114）。

两个按钮中，如果任何一个被释放，模块化安全系统立即以安全的方式断开机器的电源，使机器或机器的运动部件停止运行。

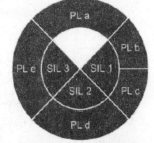

图 4-114 最高安全等级

通常双手操作控制台会采用"4 通道"设计，即左手或右手的输入端都包括 1 个常开触点和 1 个常闭触点，这样就可以确保即时地发现任何一个可能出现的触头粘结现象。

一旦紧急停止功能被激活，必须按下"复位"按钮才能重新启动机器。

4. 安全组件（见表 4-31）

表 4-31 安全组件

双手操作控制台	模块化安全系统	接触器
注：传感器采用双通道输入方式		注：执行装置采用双通道输出方式

5. 安全功能的计算

通过安全评价工具（Safety Evaluation Tool，SET），可以对于上述的应用进行验证。（http：//support. automation. siemens. com/WW/view/en/69064071）

6. 应用示例

注：

1. 示例中应用的模块化安全系统未指明具体品牌和型号，但尽量选取有代表性的型号。

2. 示例中必须采用强制断开结构设计的双手操作控制装置、执行装置（如接触器）。

3. 实际使用中，使用者必须参考模块化安全系统生产厂商提供的具体型号产品的关于安装、调试、应用的技术手册，再确定具体的接线方式。

4. 模块化安全系统上电前，必须确认连接方式的正确性。

5. 示例中所示的连接方法经常被应用在相对而言安全技术要求较高的应用场合。

在图 4-115 中，双手操作控制装置的左手（包含一个常闭触点和一个常开触点）和右手输入（包含一个常闭触点和一个常开触点）信号分别接入安全继电器-A1。当双手"同时"按下时，安全继电器-A1 的安全输出 Q2 和 Q1. 2 使执行装置-Q1、-Q2 的线圈得电，其主触点闭合后，受控装置-M1 保持运行状态。

当左手或者是右手抬起或双手抬起时，安全继电器的全部安全输出处于断开状态。执行装置-Q1、-Q2 的线圈失电后，主触点断开，从而使受控装置-M1 停止运行。

双手同时按下并保持，设备可以保持运行的状态。此时，如按下急停按钮-S1，则机器运行的状态将中断，机器停止运行。如果重新启动机器，必须完成以下三个步骤：

1）释放急停按钮-S1；

2）按下复位按钮-S2；

3）双手同时按下双手操纵装置。

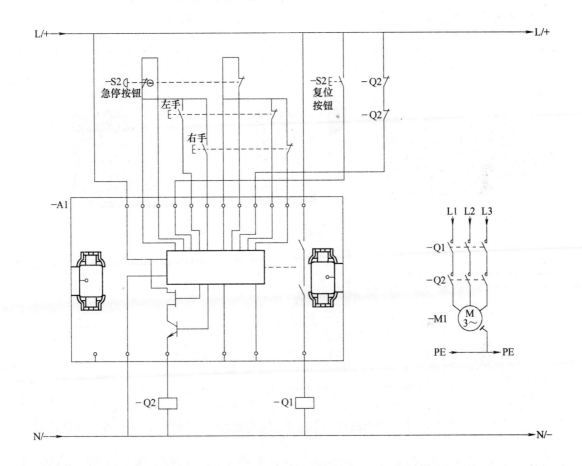

图 4-115　双手操作应用示例

4.7　常见安全功能组合应用

4.7.1　简介

一台机器上只需要实现一种安全功能的应用并不多。通常一台机器常常需要同时实现前述章节描述的多个不同安全功能，才能达到所要求的安全等级。

以下章节通过应用示例描述这些安全功能典型的组合。

串联使用紧急停机控制装置和防护门行程开关监测装置的条件：

实际应用中，可能会考虑将同类型（如同为双通道或单通道的常闭触点）的传感器（如急停按钮、行程开关）信号串联，然后再通过安全评估单元（如安全继电器或模块化安全系统）进行监测。

　　紧急停止控制装置和行程开关的信号以串联连接（见图 4-116）的方式实现安全等级
PLd（根据标准 ISO13849）或 SIL2（根据标准 IEC62061）的条件是，确保不会同时按下紧
急停止控制装置和打开防护门（否则，将无法检测出某些故障，如短路故障）。

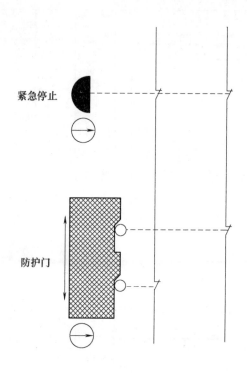

图 4-116　急停与防护门串联

4.7.2　采用安全继电器实现安全等级为 SIL3 或 PLe 的紧急停止监测和防护门监测

1. 应用

　　防护门常常用于隔离危险区域。防护门通常需要进行位置监测（即监测防护门处于打
开还是关闭的状态），常用于必要时必须切断相关危险源的区域。此外，也可以用来监测紧
急停止控制装置的状态，以便在紧急情况下安全可靠地关停机器。

2. 设计（见图 4-117）

3. 工作原理

　　通过额外的输入扩展模块，安全继电器除了监测一个紧急停止控制装置的两个常闭触头
状态以外，还监测两个安全开关的常闭触头状态。紧急停止控制装置被按下或者防护门被打
开以后，安全继电器采用安全方式断开使能回路（即安全输出回路处于断开状态），从而断
开所连接的接触器，使机器停机。可达到的最高安全等级（见图 4-118）。

　　如果防护门已经关闭，紧急停止控制装置也释放至高位状态（即释放状态），并且此时
的反馈回路也已经闭合，则可以按下“复位”按钮重新启动应用。

4. 安全组件（见表 4-32）

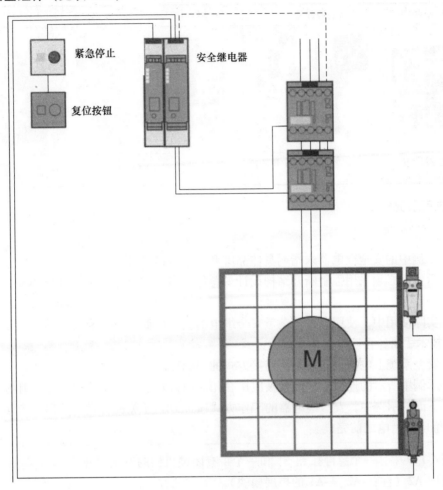

图 4-117 急停与防护门串联功能

图 4-118 最高安全等级

5. 安全功能的计算

通过安全评价工具（Safety Evaluation Tool，SET），可以对于上述的应用进行验证。
（http：//support. automation. siemens. com/WW/view/en/74562495）

表 4-32　安全组件

紧急停止控制装置	行程开关		安全继电器	输入扩展模块	接触器
注：传感器采用一个双通道输入方式	注：传感器采用两个单通道输入方式				注：传感器采用双通道输入方式

6. 应用示例

注：

1. 示例中的安全继电器未指明具体品牌和型号，但尽量选取有代表性的型号。

2. 示例中必须采用强制断开结构设计的急停按钮、安全门开关、执行装置（如接触器）。

3. 实际使用中，使用者必须参考安全继电器生产厂商提供的有关安装、调试、应用方面的技术手册，再确定具体的接线方式。

4. 安全系统上电前，必须确认连接方式的正确性。

5. 示例中所示的连接方法经常被应用在相对而言安全技术要求较高的应用场合。

6. 下面的示例中，安全继电器的工作方式通过 DIP 开关进行设定，但这个步骤需要在安全继电器上电之前完成。

在图 4-119 中，一个急停按钮-S1 和一个带有闭锁机构的安全门开关-S2 同时接入了安全继电器-A1/-A2（注：-A2 是-A1 的扩展模块）。

如果按下急停按钮-S1，安全继电器-A1/-A2 的全部安全输出将可靠切断，执行装置-Q1 和-Q2 的主触头切断受控装置-M1 的主回路，受控装置-M1 停止运行。

如果打开防护门-S2，安全继电器-A1/-A2 的全部安全输出将可靠切断，执行装置-Q1 和-Q2 的主触头切断受控设备-M1 的主回路，受控装置-M1 停止运行。

如果当急停按钮处于释放状态、防护门处于关闭状态时，如按下复位按钮-S3 后，安全继电器-A1/-A2 的全部安全输出有效，执行装置-Q1 和-Q2 的线圈得电，其串联的主触头同时闭合，则受控装置-M1 正常运行。

4.7.3 采用模块化安全系统实现安全等级为 SIL 3 或 PL e 的紧急停止监测和防护门监测

1. 应用

防护门常常用于隔离危险区域。防护门通常需要进行位置监测（即监测防护门处于打开还是关闭的状态），常用于必要时必须切断相关危险源的区域。此外，也可以用来监测紧急停止控制装置的状态，以便在紧急情况下安全可靠地关停机器。

2. 设计（见图4-120）

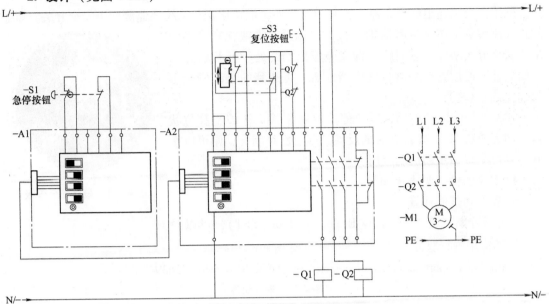

图4-119 急停与防护门串联应用示例

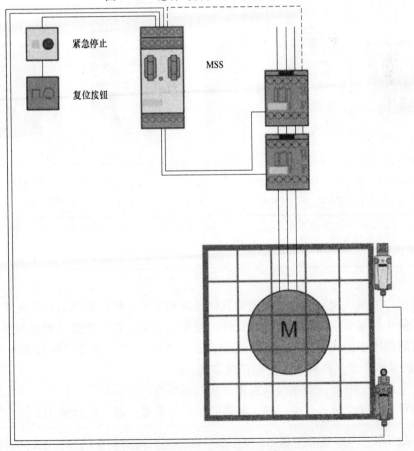

图4-120 急停与防护门串联

3. 工作原理

除了一个双通道的紧急停止控制装置之外，模块化安全系统还监测两个安全开关。紧急停止控制装置被按下或者防护门被打开以后，模块化安全系统采用安全方式断开使能回路（即安全输出回路处于断开状态），从而断开所连接的接触器，使机器停机。可达到的最高安全等级（见图4-121）。

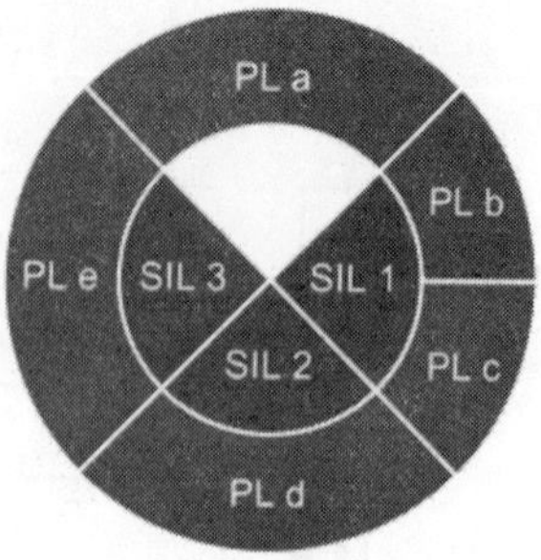

如果防护门已经关闭，紧急停止控制装置也释放至高位状态（即释放状态），并且此时的反馈回路也已经闭合，则可以按下"复位"按钮重新启动应用。

4. 安全组件（见表4-33）

5. 安全功能的计算

通过安全评价工具（Safety Evaluation Tool，SET），可以对于上述的应用进行验证。

（http：//support. automation. siemens. com/WW/view/en/74563943）

图 4-121　最高安全等级

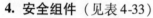

表 4-33　安全组件

紧急停止控制装置	行程开关	模块化安全系统	接触器
注：传感器采用一个双通道输入方式	注：传感器采用两个单通道输入方式		注：执行装置采用双通道输出方式

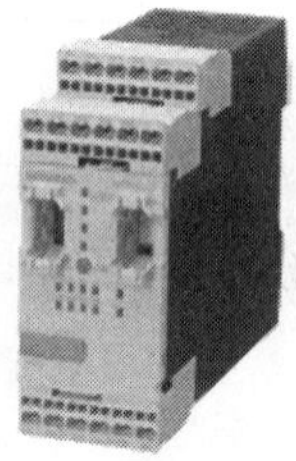

6. 应用示例

注：

1. 示例中的模块化安全系统未指明具体品牌和型号，但尽量选取有代表性的型号。

2. 示例中必须采用强制断开结构设计的安全门开关、执行装置（如接触器）。

3. 实际使用中，使用者必须参考模块化安全系统生产厂商提供的有关安装、调试、应用方面的技术手册，再确定具体的接线方式。

4. 安全系统上电前，必须确认连接方式的正确性。

5. 通常会与操作模式开关、停止状态监控器等装置一起，配合使用。

在图4-122中，一个急停按钮-S1和一个带有闭锁机构的安全门开关-S2同时接入了模块化安全系统-A1。

如果按下急停按钮-S1，模块化安全系统-A1 的全部安全输出将可靠切断，执行装置-Q1 和-Q2 的主触头切断受控装置-M1 的主回路，受控装置-M1 停止运行。

如果打开防护门-S2，模块化安全系统-A1 的全部安全输出将可靠切断，执行装置-Q1 和-Q2 的主触头切断受控装置-M1 的主回路，受控装置-M1 停止运行。

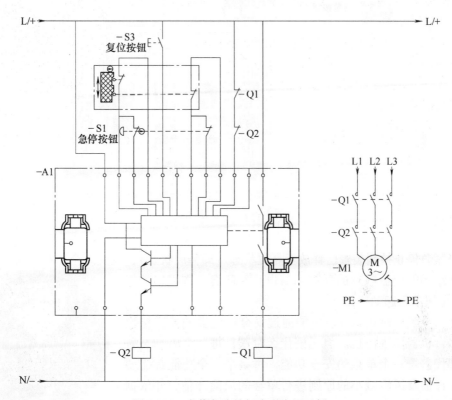

图 4-122　急停与防护门串联应用示例

如果当急停按钮处于释放状态、防护门处于关闭状态时，如按下复位按钮-S3 后，模块化安全系统-A1 的全部安全输出有效，执行装置-Q1 和-Q2 的线圈得电，其串联的主触头同时闭合，则受控装置-M1 正常运行。

4.7.4　采用安全继电器实现安全等级为 SIL 3 或 PL e 的多台电动机的紧急停机

1. 应用

对于要求同时关停一个以上传动装置（例如，进给刀架、机床主轴、抽吸泵等）的安全需求，可以通过安全输出扩展模块所提供的额外的使能回路（即安全输出回路）来实现。

2. 设计（见图 4-123）

3. 工作原理

安全继电器对采用了一个双通道输入方式的紧急停止控制装置进行监测。一旦紧急停止控制装被按下，安全继电器和安全输出扩展模块将采用安全方式断开使能回路（即安全输出回路处于断开状态），从而断开所连接的接触器，使电动机关停。最高安全等级（见图 4-124）。

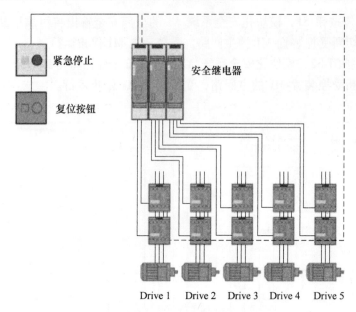

图 4-123　总急停功能

　　如果紧急停止控制装置已释放至高位状态（即释放状态），且此时全部执行器（如带有强制断开结构的接触器）的反馈回路也已经闭合，则可以按下"复位"按钮重新起动机器。

　　按下一个紧急停止装置，可能通过安全继电器的安全输出点使得多台机器实现停机。但无论什么时候，每一个驱动装置的关停都代表着一个单独的安全功能，每一个安全功能都需要根据风险评估及风险减小的原则进行单独的风险评估，并依据风险评估的结果，进行必要的安全控制回路的设计。

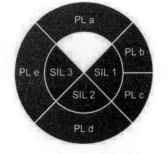

图 4-124　最高安全等级

4. 安全组件（见表 4-34）

5. 安全功能的计算

表 4-34　安全组件

紧急停止控制装置	安全继电器	输出扩展模块	接触器
注：传感器采用一个双通道输入方式			

　　通过安全评价工具（Safety Evaluation Tool，SET），可以对于上述的应用进行验证。（http：//support. automation. siemens. com/WW/view/en/74563681）

4.7.5　安全等级为 SIL 3 或 PL e 的安全继电器级联

1. 应用

安全继电器的级联用于多个串联连接的安全继电器的释放。采用这种级联方式，可以将多个安全功能逻辑地连接在一个公用的关停路径上。与此同时，也可以创建多个使能回路（安全输出回路），选择性地关停驱动单元。

参见"第 2 章第 2.2 节 典型安全控制技术 级联"部分的内容。

2. 设计（见图 4-125）

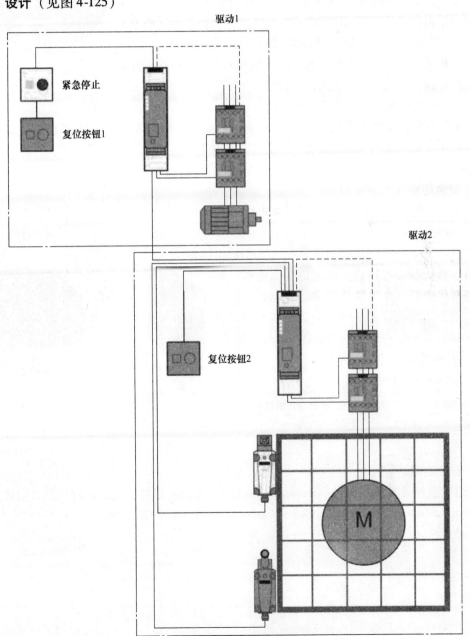

图 4-125　级联功能

3. 工作原理

图 4-125 中所示的两个安全继电器通过级联的方式连接在一起。这里需要说明的是，如果"复位按钮 1"所示区域的安全继电器监测到所连接的紧急停止控制装置被按下，则"复位按钮 1"和"复位按钮 2"所控制的所有的执行器都将被关停。这是因为，"复位按钮 1"所示区域的安全继电器通过使能回路（即安全输出回路），不但影响本区域的执行器的工作状态，其中的某一个使能信号（安全输出信号）也可以作为"复位按钮 2"所示区域的安全继电器的一个安全输入信号（一个保持安全输出的条件），从而影响了所有区域的执行器的工作状态。可达到的最高安全等级（见图 4-126）。

与此相反，如果图 4-125 中所示的"复位按钮 2"区域的防护罩被打开，将仅仅关停与其相关的执行器，不会影响到"复位按钮 1"区域的执行器的工作状态。

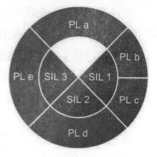

图 4-126　最高安全等级

如果紧急停止命令是由较高层级的安全继电器发出的，则必须按下"复位"按钮才能重新启动其较低层级的安全继电器。"全局复位按钮"（或称为"总复位按钮"）的设置必须确保所有的危险区域都可以通过这个复位按钮进行"复位"。

4. 安全组件（见表 4-35）

表 4-35　安全组件

紧急停止控制装置	安全开关	安全继电器	接触器
注：传感器采用一个双通道输入方式	注：传感器采用两个单通道输入方式		注：执行装置采用双通道输出方式

5. 安全功能的计算

通过安全评价工具（Safety Evaluation Tool，SET），可以对于上述的应用进行验证。（http：//support. automation. siemens. com/WW/view/en/77282496）

附　　录

附录 A　术　　语

A

术语	参　　考	相关标准
A 标准	协调标准 属于欧盟的基础标准（A 类），这些标准列在机械指令中： 设计指南、术语（ISO 12100-1，EN 1070）/风险分析，风险评价 （ISO 14121）	ISO 12100-1，ISO 14121，EN 1070
执行器	强制断开结构触点 执行器，例如电机、阀、指示灯、继电器、带有强制断开触点的 电机接触器，等	
执行器	独立的执行装置，行程开关 编码式、机械式执行元件，当从开关位置撤退时打开强制断开结 构触点	
AOPD/AOPDDR	安全元件，ESPE 有源光电防护装置响应漫反射	ISO 12100-1
ASIsafe	PROFIsafe 通过标准 AS-interface 进行安全相关的通信	ISO 12100-1
自动启动	启动 （不需要按钮）自动恢复的一个安全功能。这是一个示例，当可 移动式防护装置处于关闭状态时，可以采用的启动类型 无论如何，不能和一个急停装置联用。这种启动类型只有在危险 已经得到评估后才被允许	IEC 60204-1

B

术语	参　　考	相关标准
B 标准	协调标准 属于欧盟组织的标准（B 类），这些标准列在机械指令中： 类型 B1——有关通用安全方面（例如：人类工效学、安全间距 EN 999） 类型 B2——关于系统和有关防护的安全装置（例如：ISO 13849- 1）	ISO 12100-1，ISO 14121，EN 1070

（续）

术语	参　考	相关标准
B10	PFHd 　B10 值衡量设备的磨损程度，用开关转换的次数来表示：这是一个在生命周期测试过程中开关转换的次数，其中有 10% 的测试对象已经失效（或者：10% 的测试对象已经失效之后的操作周期次数）。机电组件的失效率可以用 B10 值和操作周期数来计算 　B10d 　B10d = B10 / 导致一个危险情况的故障百分比	IEC 62061
基本装置	基本装置，扩展装置，安全继电器 　等同于基本单元的术语	ISO 13849-1
基本装置	扩展装置，安全继电器 　是一种安全继电器，包括所有在特殊防护安全装置中所必须具备的功能	ISO 13849-1
β	PFH_D 　共因失效因数（0.1 – 0.05 – 0.02 – 0.01）：共因失效因数	IEC 62061
触点打开或关闭的时间	行程开关 　这是一个触点从第一次到最后一次闭合或断开之间的时间（对于具有瞬动触点的标准行程开关，大约 2 ~ 4 毫秒）	

C

术语	参　考	相关标准
C	B10，PFH_D 　占空比：机电组件的操作周期（每小时）	IEC 62061
C 标准	协调标准 　属于欧盟的产品标准（C 类），这些标准列在机械指令中： 　专业标准：对于某些机器的特殊要求（例如：压力机 EN 692）	ISO 12100-1 ISO 14121，EN 1070
拉绳开关	标准行程开关，闭锁机制，独立的操动头 　强制断开 　主要应用于急停防护安全装置，是一个信号发射器。如果连接在开关上的缆绳／线缆被拉动或者断开，它的开关状态会发生改变。这个装置被用于监测较长的长度（例如：顺着传送带的方向安装）	EN 50043，EN 50047
级联输入	安全继电器 　与安全相关的路由 　安全的，就像对一个传感器信号进行内部评估一样的安全继电器的单通道输入： 　伴随其他信号发射器/传感器输入的逻辑"与"操作： 　如果电压没有连接，安全继电器安全地关闭启动电路（输出） 　注：不考虑配电柜内的（短路）故障，可以达到 ISO 13849-1：2006（EN 954-1）的类别 4 的要求；在配电柜外通过安全的、适当的路由电缆和导线，这种故障也可以被排除	

（续）

术语	参　考	相关标准
类别（根据 ISO 13849-1）	协调标准（B 标准） 风险分析，风险评价 ISO 13849-1：2006（EN 954-1）类别（B，1，2，3 和 4）允许一个控制系统中与安全相关部分的性能在故障发生的时候被评估 类别 B： 控制系统必须经过设计，以便达到预期的效果 系统行为：一个故障可能导致安全功能的丧失 类别 1： 适用类别 B 的要求，采用行之有效的组件和行之有效的安全原则 系统行为：与类别 B 的系统行为相同，但是具有更高的与安全相关的可靠性 类别 2： 必须满足类别 B 的要求；而且应该在适当的时间间隔检查安全功能 系统行为：在两次检查之间发生的一个故障可能导致安全功能的丧失 类别 3： 必须满足类别 B 的要求。一个单一的故障可能不会导致安全功能的丧失；个别故障必须进行检测 系统行为：当单一故障发生时，安全功能总是被执行 类别 4： 必须满足类别 B 的要求；单一的故障必须进行检测，之后才能请求下一次安全检测 系统行为：当故障发生时，安全功能总是被执行；故障被及时检测出来 传感器串联连接适用于类别 3 ●急停：可能总是串联；可以排除在它被按下的同时，指令装置会失效 ●防护门监视：如果几个防护门不会同时被打开，并且不会经常被打开，行程开关可以串联（否则一种故障不能被检测到） 传感器串联连接适用于类别 4 ●急停：可能总是串联；可以排除在它被按下的同时，指令装置会失效 ●防护门监视：因为每一个危险的故障都必须被检测出来，所以行程开关可能永远不会串联（操作人员的独立性）	ISO 13849-1

风险图（根据 ISO 13849-1）

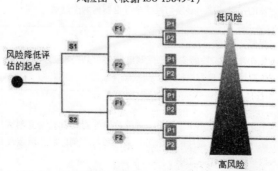

（续）

术语	参　考	相关标准
	风险参数： S = 损伤的严重程度 S1 = 轻微损伤 S2 = 一人或几人严重的且不可逆的损伤或一个人员死亡 F = 危险情况发生的频率和/或暴露在危险情况下的时间 F1 = 从很少发生到经常发生 F2 = 从频繁发生到连续发生 P = 避免危险的可能性 P1 = 特殊情况下可能 P2 = 几乎不可能	
CCF	λ，PFH_D 共因失效：由一个共同的原因导致的故障（例如：短路）	IEC 61508，IEC 62061，ISO 13849-1
CE	机械指令，一致性声明，标志 机器制造厂商（OEM）如果想要加施标志/出售机器，必须提供一个 CE 标志（机械指令，"预防可预知的误操作"） 注：低电压指令的 CE 标志与机械指令的 CE 标志没有可比性	机械指令，附件Ⅲ（EN45014）
指令装置（紧急停止装置）	急停 一个手动的控制装置，可用于启动急停功能	ISO 13850
非接触式行程开关	行程开关 非接触式行程开关（例如：磁性开关）	
控制（例如：一个接触器）	安全继电器 冗余性，多样性 单通道控制（非冗余）： 安全继电器是通过一个单一的信号发射器接触或输出实现控制 双通道控制（冗余）： 安全继电器通过两个信号发射接触或输出实现控制 注释：对于这种类型的控制，安全继电器最高符合 ISO 13849-1 标准的类别4 的要求，如果安全继电器具有交叉电路故障检测功能，由此两个信号发射器必须是防护装置（急停指令装置）的一部分。如果一个双通道安全继电器是通过一个通道进行控制的，那么信号发射器的接触或输出必须切换安全继电器的两个通道	
交叉电路故障	类别，短路，测试 只能发生在设备/装置的多通道控制电路中，是一种通道间（例如：在一个双通道传感器电路中）的故障（短路）	ISO13849-1
交叉电路故障检测	类别（尤其是3/4） 这是一个安全继电器用于检测交叉电路故障的能力-无论是立刻或者是一个循环监测例行程序的一部分：故障被检测到以后，该装置随之进入到一种安全的状态中	ISO 13849-1

D

术语	参　考	相关标准
DC	PL，PFHd 诊断范围：诊断覆盖率 $\Sigma \lambda_{DD}/\lambda_{Dtotal}$，其中 ● λ_{DD}，检测到的危险的硬件失效概率 ● λ_{Dtotal}，总的危险的硬件失效概率	ISO 13849-1，IEC 62061 （IEC 61508-2，附录 C）
诊断测试间隔 （T2）	PFH_D，T2 诊断测试间隔（例如：急停按钮可能每隔 8 小时按下一次） IEC62061：指如"在 SRECS（安全相关的电气控制系统）中检测到一个故障时（对该 SRECS）的行为要求"	IEC 62061
时间差异 差异时间监视	同时性，同步时间 在定义的时间窗口内，对时间的差异进行监视，相关的信号不能同时有效	
多样性	冗余 当履行安全任务时，对于高可靠性的冗余要求应该使用不同的配置（例如：使用转速计和离心动力开关进行速度监视）：即：不同的资源来执行所需的功能	IEC60204-1，IEC61508

E

术语	参　考	相关标准
E/E/PE	功能安全 安全相关系统的电气和/或电子和/或可编程电子技术： 电气/电子/可编程电子系统	IEC 61508
紧急情况	紧急情况下关机 紧急情况下停止 应急程序 危险情况下，需要紧急停止或是启动一种反制措施 紧急情况可能发生在： ●在机器的正常运行中（例如：通过手动干预或者作为来自外部影响的结果） ●机器失灵或机器的任何一部分出现故障的结果	IEC 60204-1，附录 D （应急程序） ISO 12100-1
急停	紧急情况下停止 紧急切断 这是响应紧急情况的程序，目的是停止可能会导致危险发生的过程或运动 注：急停功能由一个人的单一行动来启动。根据 ISO 13849-1，这必须始终可用并且能够发挥作用。操作模式不在考虑范围内	ISO 13850 IEC 60204-1，附录 D
急停指令装置	蘑菇头形按钮 急停，拉绳开关，强制断开 在危险情况下被驱动的切换装置，能够使进程、机器或设备停止。必须带有强制断开触点，应该伸手可及，授权释放，且不能被随意操作	ISO 13850 IEC 60204-1

（续）

术语	参　考	相关标准
急停装置	急停 急停装置是在紧急情况下启动适当程序的一个防护装置	ISO 13850，IEC 60204-1
紧急切断	紧急情况下关断 急停 这是紧急情况下的一个行动，目的是如果有触电危险或由电能导致的其他风险，切断整个装置或其一部分的电能供应 危险应尽可能快地被排除，例如：在主电源供给支线上使用一个"隔离开关"	ISO 13850 IEC 60204-1，附录 D
使能电路	安全继电器 使能电路常用于产生一个与安全相关的输出信号。对于外部，使能电路是常开触点（从功能的角度，与安全有关的打开总是应该考虑的）。采用了内部有冗余结构设计的安全继电器（双通道）构成的一个单一的使能电路，可以符合 ISO13849-1 的类别 3 或 4 注：使能回路也可以用于信号的传输（即与安全无关的应用）	
ESPE	AOPD，OSSD，激光扫描仪 光栅，光幕 带有输出转换元件的控制／监视功能，也被称为 OSSD	IEC 61496
ESPE	ESPE，OSSD 电敏防护设备：电敏防护设备	IEC61496-1
评估单元	安全继电器，SRECS，SRP／CS 根据固定的任务分配，或者是根据程序指令，以及所连接的信号发射器的状态，安全相关评估单元产生一个安全相关的输出信号	
扩展装置	基本装置，安全继电器 扩展装置是一种只能和基本装置结合在一起使用以增加触点数量的安全继电器	

F

术语	参　考	相关标准
失效	导致危险情况的失效 一个单元或装置不再能够满足所要求的功能	ISO 12100-1
导致危险情况的失效	失效 机械中任何增加了风险的失灵，例如发生在供电部分	ISO 12100-1
故障排除	FMEA 抵抗故障的能力可以被评估。特殊情况下，在一些组件中，某些故障可以在 SRP/CS 的使用期内的应用中被排除。例如：可以通过设计安全型的电路来排除短路。如果故障被排除，详细理由应在文档中给出	ISO 13849-1 ISO 13849-2

（续）

术语	参　考	相关标准
故障响应时间	对于一个被检测到的故障做响应输出所需的时间	
故障裕度 （硬件故障裕度）	单一故障裕度，类别，零故障裕度，SIL，SRECS，SRP/ CS 一个 SRECS（"安全相关的电子控制系统"）的子系统或子系统元件在故障或失效的情况下继续执行要求的功能（故障裕度）的能力	EC 62061
故障裕度时间	故障裕度 定义进程可以接收不正确的控制信号而没有危险状态发生的时间间隔的进程特性	
反馈电路	安全继电器 用于监视受控的执行器（例如：继电器或带有强制断开触点的负载接触器）。当反馈电路闭合时评估单元才能被激活 注：负载接触器上被监测的常开触点（强制断开触点）串联连接并集成到安全继电器的反馈电路。如果使能电路中的触点熔焊，因为反馈电路保持断开状态，则安全继电器不能被重新激活 反馈电路的（动态）监视不一定与安全相关，因为这只用于检测故障：常开按钮一般是与采用强制断开触点的执行器串联在一起使用（启动时故障检测）	ISO 13849-1
首次故障发生时间	要求种类 这是一个时间间隔，其间涉及所要求种类的一个安全关键的首次故障出现的概率足够低 故障控制措施不予考虑。时间间隔开始于上一个被包含的系统可以被假定为所考虑的要求种类处于无故障状态的时刻	
功能测试	功能测试可以使用控制系统自动实现或通过手动方式实现监视或检测-当操作和在规定的时间间隔，或根据需求组合	IEC60204-1
功能安全	SRECS 总体安全的一部分指的是依赖于 SRECS（"安全相关的电气控制系统"）的正确功能的机器和机器控制系统，使用不同的技术和外部装置以尽量减少风险的安全相关系统（摘自 IEC61508-4） 注：功能安全包含各个方面，其中的安全取决于 SRECS 的正确功能，使用其他技术和外部装置以尽量减少风险的安全相关的系统	IEC62061，IEC61508

G

术语	参　考	相关标准
接地故障检测	交叉电路故障，短路 短路和接地故障证明路由 接地故障的检测/识别可以是立即执行或作为循环自我监测程序的一部分-因而故障情况被检测/识别以后，设备/装置进入到安全状态	IEC60204-1 DIN VDE0100，第 25 部分

（续）

术语	参　考	相关标准
防护装置	行程开关 防护装置或者是机器的专门用于阻止进入和防止危险的部分 注：根据构造的特定类型，可以使用防护网，防护门，围墙，盖子，镶板，栅栏，防护网等来实施	固定式防护装置：EN 294，EN 349，EN 811，EN 953 活动式防护装置：EN 1088（ISO 14119），EN 999 A 类标准：ISO 12100-1

H

术语	参　考	相关标准
协调标准	机械指令，A-B-C-标准 A 类（基础标准），B 类（群组标准）和 C 类（产品标准）在机械指令中列出，因此可以假设机械指令是被遵守的	ISO 12100-1
危险	危险评价， 风险评价，机械指令 危险（作为特定事件的结果）意味危及用户安全，并可能导致人身伤害（损害的潜在来源）	ISO 14121 ISO 12100-1
危险评价	危险， 风险评价，机械指令 对用户的危害（由危险导致）的评估	ISO 14121 ISO 12100-1

I

术语	参　考	相关标准
识别	机械指令，CE，一致性声明 由机器制造商出示，说明机器符合所有相关机械指令和法规的专业认证，因此机器可以在市场上销售 用户由此来了解 CE 标志	机械指令，（EN 45014）
预定结构	类别，冗余性 预定结构显示了每个类别在系统结构中的逻辑表示法。预定结构显示了经过编译的 SRP/CS，开始于安全相关信号的生成，并结束于电力传输元件的输出	ISO 13849-1
联锁设备和装置	防护安全装置，行程开关 锁闭机制 这是一个机械的、电气的或其他联锁装置，具有防止机器元件在某些特殊情况下的操作的功能（通常只要防护装置不是处于关闭状态）	ISO 12100-1 EN 1088（ISO 14119）

L

术语	参　　考	相关标准
λ	PFH，PFH$_D$ B10，MTTF 失效率：安全失效（λ$_S$）和危险失效（λ$_D$）的概率	IEC 62061
激光扫描仪	ESPE，AOPD，OSSD 安全激光扫描仪在机器、机器人、传送系统、交通运输中提供人身保护，既可在静止状态下，也可在移动应用中。这是一个非接触式扫描和操作的光学扫描仪，通过周期性地发射光脉冲运行。一个集成的旋转镜将这些光脉冲反射进工作区。进入划定的防护区域的人或物品反射光脉冲 – 这意味着人或物品被检测到。"障碍物"的坐标由光脉冲的传播时间计算。要监视的区域可以使用个人电脑在特定范围内自由界定。如果"障碍物"位于一个界定的防护区域内，那么扫描仪关闭其安全相关的输出，由此启动安全相关停止功能	IEC 61496-1
使用寿命	PFH$_D$，T1 对于具有所需的安全相关功能的组件的期望的使用期［h］	IEC 62061
光栅	ESPE，AOPD，OSSD 当光束被阻断时，该装置改变其开关状态	IEC 61496-1
光网，光幕	ESPE，AOPD，OSSD 当一条或几条光束被中断时，该装置改变其开关状态	IEC 61496-1
线路电源失效缓冲	安全继电器，ESPE 电源电压可暂时中断的最长时间，且不会导致设备处于不正确装置功能或设备被复位	
低电压指令	低电压指令在欧洲（73/23/EEC）（实施 IEC 60439-1，用于控制柜的结构）。IEC 60204-1 被列在低电压指令之下	IEC 60439-1，IEC 60204-1

M

术语	参　　考	相关标准
机器	机械指令 带有运动部件的机器对用户具有潜在的危险 注：机器（根据机械指令）是： ●由若干个零部件连接构成并具有特定应用目的的组合，其中至少有一个零部件是可运动的，并且配备或预定配备动力系统 ●为了同一应用目的，将其安排，控制得像一台完整机器那样发挥它们功能的若干机器的组合 ●修改一台机器的可互换的装备并投放到市场上，目的是被操作者本人用牵引机组装到一台机器或一系列不同的机器上，只要该设备不是备件或工具	

（续）

术语	参　考	相关标准
机器控制	类别 SRP/CS 部分并不必须以安全相关的方式进行操作的控制（自动控制），例如：在故障发生时产生一个信号	ISO 13849-1
机械指令	机器，协调标准 欧洲议会和委员会指令 2006/42/EC 从 2006 年 5 月 17 日为会员国的机械协调法律和行政法规规定	
磁场锁定	行程开关，闭锁机制 联锁是采用了开路原理（螺线管锁定，弹簧释放）实现的	ISO12100-1
磁操作开关	非接触式行程开关，簧片触点 这包括几个簧片触点的一个编码安排，在相关联的磁场的影响下簧片触点的开关状态发生改变。由于编码的结果，干预／操控是不可能的	
手动复位	启动，抑制重启 在机器重新启动前，该功能可以恢复一个或多个安全功能：防护装置发出停止指令后，停止状态必须保持到一个手动复位装置被启动且此时处于一个安全的状态	ISO 13849-1，IEC 60204-1
手动启动	启动，手动复位 安全功能通过监测一个静态的信号来恢复，例如：使用开启按钮 根据 ISO 13849-1 标准，手动启动只允许至类别 3，因为没有针对操作的防护措施 启动类型只有在作出危险评价之后才被允许	ISO 13849-1，IEC 60204-1
机械指令	机械指令 机器，协调标准 机械指令	
最小驱动时间	安全继电器 这是启动设备（重新启动）的控制指令所需的最短时间	
受监视的启动	启动，手动复位 安全功能通过监测动态信号变化来恢复，例如：采用一个接通按钮。根据 EN 954-1 标准的类型 4，这对于一个急停防护装置是绝对强制的（防止操纵） 此启动类型只有经过危险评估才被允许	ISO 13850，IEC 60204-1，ISO 13849-1
MTBF	MTTF，MTTR 失效之间的平均时间： 是 MTTF（平均无故障时间）和 MTTR（平均修复时间）的总和 失效间的平均时间是在装置正常操作期限中的时间或新的故障发生之前的设备修补时间	ISO 13849-1

（续）

术语	参　考	相关标准
MTTF/MTTF$_d$	MTBF，MTTR，PL 平均故障时间/平均危险故障时间：发生一次故障或危险故障的时间。MTTF 可以通过分析领域数据或者用预测数据来由组件决定。对于恒定失效率，它是平均无故障工作时间 MTTF = 1 /λ，此处 λ 是该装置的失效概率，（从统计学的角度看，可以认为 MTTF 过期以后 63.2% 的所涉及的组件已失效）	ISO 13849-1
MTTR	MTBF，MTTF 平均修复时间： MTTR 比 MTTF 明显要小	ISO13849-1
多-故障裕度，多-故障安全	故障裕度 即使多个故障已经发生，所要求的安全功能仍然可以被确保	
蘑菇按钮	急停指令装置 蘑菇形状的急停装置	ISO 13850，IEC 60204-1
抑制	ESPE A 类的旁路功能：安全相关功能的正确使用和在有限的时间内谨慎停用附加的传感器 （ISO13849-1：安全功能是暂时的并自动绕过） 注：这用于区分人员和物品的领域	IEC 61496-1，ISO 13849-1
抑制传感器	抑制，ESPE 信号发射器用于抑制操作，是为了防护身体/物体，一个 ESPE 不应该停机	IEC 61496-1

N

术语	参　考	相关标准
非等值	强制断开 非等值（防止巧合）：两个不同的信号，例如：常闭和常开触点	

O

术语	参　考	相关标准
多个故障的发生时间	要求级别 这是一个时间间隔，其中复合安全 - 临界多故障的发生对于所要求涉及的级别要足够低。这个时间间隔开始于所涉及的系统对于所要求的正在考虑的级别处于无故障状态的上一个瞬间	（不再有效），DIN19250
OSSD	ESPE 输出信号切换装置-如果安全光栅，光幕或监视装置响应，这一部分的 ESPE 进入 OFF 状态	IEC 61496-1

P

术语	参　考	相关标准
零件计数方法	λ，MTTF DIN EN 61709 "电子元器件-可靠性-失效概率的参考条件"，德文版 EN61709：1998，描述了一种方法和转换模型来计算失效概率（但不包含失效概率的任何数值）	IEC 61709
PDF PFD	危险失效概率：危险失效发生的概率 需要的危险失效概率：安全功能被启动/要求时的失效概率	IEC61508，IEC62061
PFH PFH_D	B10，C，CCF，λ 每小时失效概率：每小时危险故障的概率确定 "随机完整性" 每小时危险失效概率：每小时危险失效的概率	IEC 62061
PL 性能等级	在可预见的情况下（应当考虑），安全相关的部件执行安全功能以满足预期的风险最小化的能力 从 PL a（最高失效概率）到 PL e（最低失效概率） 此外，除了上述方法和模型，企业通常还会提供标准的适用于电子和机电元件的失效概率。如西门子公司的工厂标准 SN29500	ISO 13849-1
位置监视	行程开关 防护装置的位置监视利用了定位监视功能-例如：防护门 – 利用了适当的信号发射器和安全继电器	
行程开关	标准行程开关 闭锁机制 独立操动头 强制断开 改变防护装置的联锁机制部分的开关状态，可以作为机械发出的控制指令的一个功能 带和不带闭锁机制的，以及带和不带独立操动头的行程开关 注：一般情况下，标准行程开关根据（EN50047 和 EN50041）使用	EN50041，EN50047
强制断开触点	执行器，继电器 对于继电器/接触器的强制断开触点，在该装置的整个生命周期中，常闭触点和常开触点永远不会同时处于闭合状态。这也适用于继电器/接触器处在一个不正确的状态（故障）时 例如：如果一个常开接点熔焊，则所涉及的继电器/接触器的所有其他常闭触点保持断开状态，而不管继电器/接触器通电与否	EN 50205，IEC 60947
强制断开结构	行程开关 急停指令装置 对于强制断开触点，作为一个没有采用弹簧式机械联动开关制动器所定义的运动的直接结果是触点分开。对于机械的电气设备，强制断开触点在所有的安全电路中是被明确规定的 注：根据 IEC 60947-5-1，强制断开触点的指定符号（一个圆里加一个箭头）（功能是保护人员的安全）	IEC 60204-1，IEC 60947-5-1

（续）

术语	参　考	相关标准
紧急情况下停止供电	紧急情况下停止 应急程序 紧急情况 停止功能 急停 这是在紧急情况下的操作，目的是如果有触电或其他电气原因引起危险的风险，要断开全部装置或部分装置的电气能源。它应阻止或尽量减少即将发生的或已经存在的人员的伤害、机器的损毁、生产材料和环境的损害 注：危险包括功能紊乱，不正确的机器功能，不可接受的被处理的材料的性能和特性以及人为错误	IEC 60204-1，附录 D（应急程序），ISO 12100-1，ISO 13850
压敏垫，安全条，边沿开关，缓冲元件	安全相关的组件 当这些信号发射器被踩踏（压敏垫）或者是发生形状改变（安全条，边沿开关）时信号状态发生变化。压敏垫被踩踏时产生交叉电路故障	EN 1760-1，-2，-3
一致性推测	机械指令，A-B-C 类标准 如果上市，满足了协调标准（在机械指令中），那么可以推测也满足机械指令	
应急程序	紧急情况下关闭 紧急情况下停止 急停功能 急停 参阅紧急情况下的关断和停止：在紧急情况下在所有的活动和功能都旨在结束或解决紧急情况	IEC 60204-1，附录 D（应急程序）， ISO 12100-1， ISO 13850
验证测试 验证测试间隔	PFH$_D$，T1 验证测试：在 SRECS 中重复测试以检测故障，为的是-如有必要-系统可以进入到一种"新的状态"，或尽可能接近（实际上是可能的）一种"新的状态"（摘自 IEC61508-4）	IEC 62061
防护装置	机器 当危险出现时，对于人员、机器和环境，这些都是需要的	机械指令
防护门监视	安全继电器 这是一个监视行程开关在防护罩中的位置的评估单位。如果该防护门处于关闭状态，它产生一个与安全相关的输出信号	ISO 13849-1
接近开关	可以是电感式的，电容式的或光学的。它是一个开关元件，当人体/物体或液体接近它时，开关状态将改变（取决于型号）。接近开关主要配置半导体输出	

（续）

术语	参　考	相关标准
按钮监视	启动，监视启动 分类 当按钮被触动时，按钮（安全相关的设备）的功能通过一个动态信号的变化来检测 注：例如，由于一个短路按钮，从而阻止了一个设备或系统的上电（例如，操作/干预的结果）	ISO 13849-1

R

术语	参　考	相关标准
恢复时间	安全继电器 这是在控制指令或电源电压中断后，重新启动必需的最短时间	
冗余性	使用一个以上的装置或系统的目的是确保当一个装置或系统的功能发生故障时，其他设备可以执行此功能 注：由于冗余结构（例如，多通道结构），故障的容错性增加 这可以用来增加安全水平和/或可用性	
簧片触点	非接触式行程开关 磁操作开关 簧片触点通过磁铁闭合，一旦磁性消退，触点重新打开：这意味着它们对磁场做出响应	
继电器	安全继电器 安全继电器的触点是冗余的，强制断开触点在一个安全继电器内被用于使能电路	
要求	SRECS，SRCF （需求）启动该 SRECS 以执行其 SRCF 的事件	IEC 62061
复位	启动，安全继电器 接通功能（ON），代表了一个重启抑制功能	
复位键	启动，安全继电器 "ON"按钮代表了安全继电器中的重启抑制，触发后重启抑制才能被取消	
响应时间	安全继电器 发出控制指令与实际执行之间的时间： 例如，发出控制命令（如急停）直到负载切换装置断开或直到驱动器完全停止之间的时间	
重启抑制	启动，监视启动 评估单元采用重启抑制是为了预防一个停机后的、机器的操作模式变更后的或驱动装置进行了更改的释放 重启抑制只有用外部指令（例如在按钮）才能取消 注： ISO 13849-1 标准讨论"手动返回"-机器重启之前，一个 SRP/CS 的内部功能来恢复预定的安全功能	ISO 13850 IEC 60204-1

（续）

术语	参　考	相关标准
释放时间	安全继电器 从发出控制指令或电源电压被移除，直到使能电路断开	
风险 （风险因素）	风险评价，危险 损害发生的概率和损害程度的结合	ISO 14121 ISO 12100-1
风险分析 风险评价	风险，危险 ISO 14121 罗列了进行风险评价必需的技术 风险评价最初包括风险分析及随后的风险评估	ISO 14121 ISO 12100-1

S

术语	参　考	相关标准
安全距离	ESPE 定义了作为评价危险（如光幕，激光扫描仪，...）的输入参数的一个人员的必要间隙和速度	EN 999
安全运行停止	安全停止过程 　与安全停机相反，对于安全运行停止，驱动器保持完全的闭环控制模式。如果驱动器移离停止位置，更高级别的双通道的安全相关控制始终会提供这个位置值，并启动一个与安全相关的响应 　安全运行停止功能总是用在必须作出频繁的干预措施的过程，此处使用硬件切断电源供给是不现实的，或由于技术原因也是不可能的。设定操作和运行的应用实例通常包含在 CNC 的程序中	IEC60204-1，IEC61800-5-2
安全隔离 ●电路 ● AS-i 模块	安全路由，行程开关 　目的是操作的安全性，防止电压转移，对于电缆或部件上的不同电压，最高电压必须被隔离（防触电保护）： ●两个处在不同电压水平的电缆之间的电缆绝缘 ● 在 AS-i 和 $V_{辅助}$ 电源之间，AS-i 模块必须满足 EN50187 关于空气和漏电距离以及相关组件之间绝缘的电压强度的要求	IEC 61140 （EN 50178）
安全停止过程 紧急情况下的停止	急停 对于安全停止过程中，驱动器视相应的危险情况而被停止 　在这个过程中，电气，电子和机电设备以及使驱动器减速所必需的装置必须纳入安全分析-考虑额外的防护措施 　例如，以下的适合使用 ●具有安全监视减速时间的受控停止 ●制动斜坡被安全监视的受控停止 ●采用机械制动器的非受控停止 　应用实例包括，例如：确认按钮，可移动式防护装置的电气联锁和防护装置或故障被检测后的响应	IEC 61800 IEC 60204-1

（续）

术语	参　考	相关标准
安全转矩关闭（安全停止）	安全停机过程 　　对于安全转矩关闭，驱动器的能量供应被安全地中断。它不容许驱动器产生扭矩，因此不能有任何危险的运动。监视停止功能是没有必要的。驱动器的能量供应可以使用接触器来断开，但这一措施并不是必须被使用的 外部控制： 　　一些驱动系统允许使用接线端子对安全转矩关闭进行外部控制。在这种情况下，使用制造商的文档时应检查是否有必要在机器控制中对反馈触点进行特殊处理。另外，不能完全排除安全继电器不会压碎或没有被接入。只有当强制断开反馈触点以一个与安全相关的方式进行处理时，才能得到安全相关的电路。当安全停机正确运行，对于防护门而言，受控轴通过轴的继电器绕开了继电器组的使能电路。如果继电器出现故障，那么更高级别的线路接触器失电 内部控制： 　　如果安全转矩关闭被内部控制（例如，驱动控制采用了冗余的计算机系统），那么驱动器制造商必须确保继电器的状态被安全地读回。内部控制的一个例子是当故障被响应后，关机（跳闸）。这可能发生在如速度或位置已超出限值或当执行停机路径的强制检查程序时	IEC 60204-1，IEC 61800-5-2
安全降速	该功能允许轴或主轴按照指定的速度被监测。例如当设置速度限制时，应依据相应的 C 类标准实施，如 2m/min 的轴速度。在许多机器上，安全监视速度也用于自动过程和机械加工。为了防止损坏机器或生产的物料，应防止超过安全最高速度。驱动器制造商必须提供只允许机械制造公司（OEM）改变转速/速度限值的适当的防护措施。此外，每次该转速/速率限值被重新设置或修改，必须进行验收测试。在这个验收测试中，调试（启动）工程师必须使驱动器加速到转速/速率限值并确保文档的安全相关运行的反应极佳。这必须记录在驱动器制造商提供的表格中 　注：也可用于检测"超速"条件	IEC 60204-1，IEC 61800
安全组合	评估单元，安全继电器 这是一个术语，指安全切换装置或评估单元	
安全相关的组件	机械指令 这些都列在机械指令的附件 IV 中，例如： ● 用于人员的受控传感防护装置（光幕，压敏垫，电磁探测器） ● 自动移动式防护装置和设备的机器依据字母 A，数字 9，10 和 11 ● 双手电路 ● 翻转防护装置 ● 防止物体坠落 　注：机械指令中第 1 条第（2）段中的"安全组件"是指一个组成部分，只要它是不可互换的设备，该设备的制造商或其授权代表在将设备投放市场的时候必须履行安全标准的相关规定	机械指令　附件 IV

（续）

术语	参　考	相关标准
安全相关的路由	隔离防护（电路） 需要隔离的电缆不能沿着锋利的锐边布线，或应穿管（钢管和管道）敷设（防护等级2）：用于排除故障（最高绝缘）	IEC 61140 （防触电保护）
安全继电器	评估单位，SRECS，SRP/CS 这又是一个术语，指安全组合或评估单元 要么依赖于所连接的信号发射器的状态，要么根据固定的任务分配或根据已编程/参数化的指令，一个与安全相关的评估单元产生了一个安全相关的输出信号	
自我监测	诊断测试间隔，T2 一个组件的正确运行采用一个测试程序自动地和周期性地监测	IEC 62061
敏感防护装置（SPE）	敏感保护设备：基于机械原理的设备操作（既非接触也没有电敏）	ISO 12100-1
单独的操动头	行程开关，闭锁机制 编码式，机械致动的元件，当从行程开关（头）移除时，打开强制断开触点	
串联电路	类别 传感器（例如串联连接的急停指令装置），使用安全继电器进行评估	ISO 13849-1
SFF	DC，PFH_D 组件的安全故障 一个子系统的总失效概率的组成部分，不会导致危险失效 注：安全故障组件（SFF）可以用下列公式来计算： $(\Sigma\lambda_S + \Sigma\lambda_{DD})/(\Sigma\lambda_S + \Sigma\lambda_D)$， 其中 λ_S 是非危险失效概率，λ_{DD} 由诊断功能检测得到的危险失效概率，λ_D 是危险失效概率	IEC 62061
短路	交叉电路，测试 一种传导连接，几乎没有任何电阻，且两个电导体之间加有特定的电压	
信号电路	安全继电器 信号电路被用来产生一个非安全相关的输出信号。信号电路可以由任何常闭（NC）或常开（NO）触点来实现	
SIL 安全完整性等级 SIL CL，SIL 要求限制	PFD，PFH_D，SRECS 定义安全功能的安全完整性规格的三种可能性之一，可以是分配给 SRECS 的安全功能 SLC 3 是最高级别，SIL 1 是最低级 SIL 要求限制（EN 62061）： 对 SRECS 声明的安全完整性等级（SIL）必须小于或等于一个子系统的硬件安全完整性、系统完整性和结构限制 注：目标措施是确定安全功能（功能安全）的性能。这条术语被引入 IEC 61508 英文版；对于失效概率，SIL（PFH_D）在 IEC 62061 中确定，PL 在 ISO 13849-1 中确定	IEC 61508 IEC 62061

（续）

术语	参　　考	相关标准
同时性 同时性监测	时间差，双手电路 信号发射器通过安全继电器进行监视，以确保它们被同时触发以提高安全防护装置的功能安全。该监视功能通过检查在指定时间（同步监视时间）内的信号发射器的信号变化来实现。如果超过该时间，使能信号没有输出。对于几个安全防护设备，一个同时监测是被指定的	EN 547
单个容错，单个故障安全	容错 一个故障发生后，所要求的安全功能仍然可以确保（例如，依据 ISO 13849-1 的类别 3，一个故障不会导致安全功能的丧失）	
速度监视	安全降速 在定义的速度窗口中监视机械运动（如驱动器）的速度。无需传感器（电流、频率）或者使用编码器（通常为增量型编码器），可以被实现	
弹簧锁定	行程开关，闭锁机制 联锁采用闭路原理（弹簧联锁和磁铁（螺线管）释放）实现	ISO 12100-1
SRCF	功能安全，SRECS 安全相关的控制功能（Safety-Related Control Function）由具有完整的定义级别的 SRECS 执行，目的是维护机器的安全状态或防止直接增加的风险	IEC 62061
SRECS	功能安全，SRP/ CS 安全继电器，评估单元 一台机器的安全相关的电气控制系统（Safety-Related Electrical Control System）安全相关的电气控制系统，其失效导致风险立即增加	IEC 62061
SRP/CS	机械控制，评估单元，安全继电器 安全相关的控制系统部件（Safety-Related Parts of Control System）。与安全有关的部件响应安全相关的输入信号并产生与安全相关的输出信号	ISO 13849-1
启动（自动，手动或可监视的）	按钮监视，手动复位 安全继电器可以是手动或自动启动，或者可监视的启动。对于手动或可监视的启动，按下"ON"按钮后，安全继电器的输入映像被检查且强制测试后，一个使能信号被产生。此功能也称为稳态运行，并指明如急停防护装置（IEC 60204-1）。与手动启动相反，可监视的启动评估"ON"按钮的信号变化。这意味着"ON"按钮不能因误用而被操作／干预。根据 ISO 13849-1，手动启动最多允许至类别 3，然而一个可监视的启动必须用于 ISO 13849-1 的类别 4 对于自动启动，无需手工确认，输入映像已被检查且安全继电器的强制测试完成后，一个使能信号被产生。此功能也称为动态操作，不允许用于急停防护装置。不可能在后部走动的防护装置可以采用自动启动的复位方式 启动类型只有经过危险评价后才允许采用	ISO 13850, IEC 60204-1, ISO 13849-1

（续）

术语	参　　考	相关标准
启动抑制	急停（复位）安全继电器 该指令的复位不允许重新启动机器，只允许重新启动（ISO 13850）。启动抑制防止安全装置在切断电源后自动启动机器	ISO 13850
标准行程开关	闭锁机制，单独的操动头 标准行程开关的设计（外壳类型）细分为窄型（EN50047）和宽型（EN50041）的外壳类型	EN 50041，EN 50047
停止监视	停止功能， 安全降速， 安全停止过程， 无论是无编码器（无传感器）或有编码器，对于一个定义的速度，驱动功能被监视： 这对应于 N=0rpm 的转速监视	ISO 13850 IEC 60204-1
停止功能	紧急情况下关机， 紧急情况下停止， 停止类别0 通过立即断开机器驱动元件的能量供给的非受控的停止 停止类别1 只有停止动作完成时才会中断能量供给的受控的停止 停止类别2 尽管已经停止仍然维持能量供给的受控的停止	ISO 13850 IEC 60204-1
紧急情况下停止	紧急情况下停止， 应急程序， 急停功能， 急停， 紧急情况下的一个动作，目的是停止一个将导致危险的进程或运动。紧急情况下停止必须指定一个停止类别0或1。对于特定的机器，适用于紧急情况下停止的停止类别，必须进行风险评价	IEC 60204-1，附录D（应急程序） ISO 12100-1 ISO 13850
结构限制	SIL，SIL CL，子系统， 结构性要求的数量，限制适用于子系统的 SIL	IEC 62061
子系统	功能块（FB），SRECS， SRECS 设计架构中最主要的层级单位，即任何一个子系统失效都会导致一个安全控制功能的失效 注：一个完整的子系统可以包括多个可识别的和独立的子系统元素，如果它们相结合，可以实现分配给子系统的功能	IEC 62061
子系统元件	子系统，SRECS， 子系统的一部分，包括一个单独的部件或一组部件	IEC 62061
接通周期	自监测 一个组件的正确运行采用一个测试程序自动地和周期性地监测	

（续）

术语	参　考	相关标准
接通时间	安全继电器 从发出控制指令（如急停、行程开关、ON 按钮）到使能电路闭合所需的时间	
同步监视时间	双手电路，时间差， 两只手必须同时驱动控制元件从而产生一个安全相关的输出信号的时间（通常小于 0.5 秒）	EN 574
系统安全完整性	SIL，SIL CL，SRECS，子系统 一个 SRECS 或其子系统的安全完整性的一部分中有关它对系统失效所带来的危险影响的耐受性	IEC61508，IEC62061

T

术语	参　考	相关标准
T1	PFH_D， 验证测试间隔，生命周期 最短的验证测试时间间隔（重复试验）或使用期 [h] （如 T1 = 10^5 [h] 对应于 100000 小时左右的预期寿命或大约 11.4 年） 注：在 EN62061 中，这个值需要根据危险的可能性及子系统的随机硬件故障进行估计	IEC 62061
T2	PFH_D 诊断测试间隔：诊断测试间隔 IEC62061：参阅"在 SRECS 中检测故障时（SRECS）的行为要求"（安全相关的电气控制系统） 注：平均恢复时间，在可靠性模型中被考虑，需要考虑如下的事实：诊断测试间隔，MTTR 和恢复之前的每一个其他延迟	
目标失效值	PFH_D （目标失效值）为了达到安全完整性要求的目标 PFH_D	
启动测试	安全继电器 为了测试安全相关的控制系统，安全继电器上电后，手动或自动测试被执行。一个测试的例子是在电源已经被接通后，手动打开和关闭防护装置	
测试	交叉电路故障， 有适当的抑制时间来检测故障的测试脉冲	ISO 13849-1
闭锁机制	行程开关， 闭锁机制的目标是维持防护装置在关闭的位置。此外，它被连接到控制装置，如果防护装置没有关闭和处于联锁状态时，机器不能启动，从而使防护装置保持联锁直到没有受伤的危险 注：最多达到 ISO 13849-1 的类别 3，闭锁机制并不一定是安全控制的。但是，对于 ISO 13849-1 的类别 4，就必须始终由安全相关的形式来控制 根据 ISO 13849-1 的类别 3，联锁装置（电磁阀）的位置必须是单独监视的，且不得与单独的执行器串联连接（由于故障检测的方式有欠缺）	EN 1088（ISO 14119）

（续）

术语	参　　考	相关标准
两个故障安全	类别， SIL， 这意味着两个故障发生后，指定的，与安全相关的功能得以保证	ISO 13849-1 IEC 62061
双手电路	同步监视时间， 　是一种装置，它要求其同时用双手启动（最小时间一般小于 0.5 秒），以启动和维持机器的运转，只要危险情况存在。这代表一种只保护进行启动装置操作的人员的方法 注：为了启动危险的操作，操作者的两个元素（双手按钮）必须同时启动。如果两个操作元素中的一个或两个在有潜在危险的运动过程中被释放，该使能信号会被撤回。只有这两个操作元素都返回到初始位置，危险操作才能重新启动，然后再次同步启动 　南港岛线标准，，，是。致动的秒），，。谁是促动一个人的度量。，是。只能的，如果符，同时。，，，以实现两个手	EN 574，IEC 60204-1
双手操作控制台	同步监视时间，两手电路， 这是一种实施双手电路的装置	EN 574
双通道结构	冗余性，类别， 预期架构	ISO 13849-1
A 类标准 B 类标准 C 类标准	A 标准， B 标准， C 标准， 统一标准，一致性假定 这些标准在 ISO12100-1 中被提到 这些都列在机器指令，因此协调	ISO12100-1 ISO14121 EN1070

Z

术语	参　　考	相关标准
零容错	容错 故障发生后，所要求的安全功能不再保证	

附录 B　常用机械安全基础通用标准

国家标准编号	国际标准编号	欧洲标准编号	标准名称
A 类标准（基础标准）			
GB/T 15706—2012	ISO 12100：2010	EN ISO 12100：2010	机械安全 设计通则 风险评估与风险减小
B 类标准（通用标准）			
GB 5226.1—2008	IEC 60204-1：2005	EN 60204-1：2006	机械电气安全 机械电气设备 第 1 部分：通用技术条件

（续）

国家标准编号	国际标准编号	欧洲标准编号	标 准 名 称
GB/T 8196—2003	ISO 14120：2002	EN 953：1997	机械安全 防护装置 固定式和活动式防护装置设计与制造一般要求
GB 12265.3—1997	ISO 13854：1996	EN 349：1993	机械安全 避免人体各部位挤压的最小间距
GB 16754—2008	ISO 13850：2006	EN ISO 13850：2008	机械安全 急停 设计原则
GB/T 16855.1—2008	ISO 13849-1：2006	EN ISO 13849-1：2008	机械安全 控制系统有关安全部件 第1部分：设计通则
GB/T 16855.2—2007[a]	ISO 13849-2：2012	EN ISO 13849-2：2012	机械安全 控制系统有关安全部件 第2部分：确认
GB/T 16856.2—2008	ISO/TR 14121-2：2012	—	机械安全 风险评价 第2部分：实施指南和方法举例
GB/T 17454.1—2008[a]	ISO 13856-1：2013	EN ISO 13856-1：2013	机械安全 压敏保护装置 第1部分：压敏垫和压敏地板的设计和试验通则
GB/T 17454.2—2008[a]	ISO 13856-2：2013	EN ISO 13856-2：2013	机械安全 压敏保护装置 第2部分：压敏边和压敏棒的设计和试验通则
GB/T 17454.3—2008[a]	ISO 13856-3：2013	EN ISO 13856-3：2013	机械安全 压敏保护装置 第3部分：压敏缓冲器、压敏板、压敏线及类似装置的设计和试验通则
GB 17888.1—2008	ISO 14122-1：2001	EN ISO 14122-1：2001	机械安全 进入机械的固定设施 第1部分：进入两级平面之间的固定设施的选择
GB 17888.2—2008	ISO 14122-2：2001	EN ISO 14122-2：2001	机械安全 进入机械的固定设施 第2部分：工作平台和通道
GB 17888.3—2008	ISO 14122-3：2001	EN ISO 14122-3：2001	机械安全 进入机械的固定设施 第3部分：楼梯、阶梯和护栏
GB 17888.4—2008	ISO 14122-4：2004	EN ISO 14122-4：2004	机械安全 进入机械的固定设施 第4部分：固定式直梯
GB/T 18831—2010[a]	ISO 14119：2013	EN ISO 14119：2013	机械安全 带防护装置的联锁装置设计和选择原则
GB/T 19436.1—2013[a]	IEC 61496-1：2012	EN 61496-1：2013	机械电气安全 电敏保护设备 第1部分：一般要求和试验
GB/T 19436.2—2013[a]	IEC 61496-2：2013	EN 61496-2：2013	机械电气安全 电敏保护设备 第2部分：使用有源光电保护装置（AOPDs）设备的特殊要求
GB 19436.3—2008[a]	IEC 61496-3：2008	EN 61496-3：2008	机械电气安全 电敏防护装置 第3部分：使用有源光电漫反射防护器件（AOPDDR）设备的特殊要求

（续）

国家标准编号	国际标准编号	欧洲标准编号	标 准 名 称
GB/T 19670—2005	ISO 14118：2000	EN 1037：1995	机械安全 防止意外启动
GB/T 19671—2005	ISO 13851：2002	EN 574：1996	机械安全 双手操纵装置 功能状况及设计原则
GB/T 19876—2012	ISO 13855：2010	EN ISO 13855：2010	机械安全 与人体部位接近速度相关的安全防护装置的定位
GB 19891—2005	ISO 14159：2002	EN ISO 14159：2008	机械安全 机械设计的卫生要求
GB 23819—2009	ISO 19353：2005	EN 13478：2001	机械安全 火灾防治
GB 23820—2009	ISO 21469：2006	EN ISO 21469：2006	机械安全 偶然与产品接触的润滑剂卫生要求
GB 23821—2009	ISO 13857：2008	EN ISO 13857：2008	机械安全 防止上下肢触及危险区的安全距离
GB 28526—2012	IEC 62061：2005	EN 62061：2005	机械电气安全 安全相关电气、电子和可编程电子控制系统的功能安全
GB/T 30175—2013	ISO/TR 23849：2010	—	机械安全 应用 GB/T 16855.1 和 GB 28526 设计安全相关控制系统的指南

a—修订过程中，等同采用国际标准。

参 考 文 献

[1] Michael Hauke 等. 机器控制的功能安全——EN ISO 13849 的应用　德国社会事故保险（DGUV）2008.

[2] Siemens. 工业控制应用手册，2013.

[3] Siemens. 机械和系统的功能安全的简介和术语，2013.

[4] 洪生伟. 标准化管理［M］. 北京：中国质检出版社／中国标准出版社，2012.